水产养殖工程与前沿技术丛书

主编 徐皓

循环水养殖池集污水动力学

Hydrodynamics of Waste Collection in Recirculating Aquaculture Tanks

张 俊 曹守启 王 芳 等 著

上海科学技术出版社

内 容 提 要

本书围绕陆基工厂化与池塘循环水养殖工程技术,运用计算流体动力学理论、多相流数值模拟与试验验证相结合的研究方法,从养殖池的池型结构、进排水方式、推水与集污装置等方面展开系统剖析,通过分析养殖池水动力特性与集污自净化效能的相关影响机制,为构建节能高效循环水养殖系统提供理论参考。

本书主要面向水产养殖从业者、科研人员及高校相关专业师生,助力解决循环水养殖池的高效集污难题,推动水产养殖业绿色、高效发展。

图书在版编目(CIP)数据

循环水养殖池集污水动力学 / 张俊等著. -- 上海：上海科学技术出版社,2025.5. -- (水产养殖工程与前沿技术丛书). -- ISBN 978-7-5478-7085-3

Ⅰ. S96

中国国家版本馆CIP数据核字第2025SH6018号

循环水养殖池集污水动力学

张　俊　曹守启　王　芳　等　著

上海世纪出版(集团)有限公司　出版、发行
上 海 科 学 技 术 出 版 社
(上海市闵行区号景路159弄A座9F-10F)
邮政编码 201101　www.sstp.cn
上海展强印刷有限公司印刷
开本 720×1000　1/16　印张 12
字数 190 千字
2025年5月第1版　2025年5月第1次印刷
ISBN 978-7-5478-7085-3/S·291
定价: 98.00 元

本书如有缺页、错装或坏损等严重质量问题,请向印刷厂联系调换电话: 021-66366565

水产养殖工程与前沿技术丛书
学术顾问

麦康森　中国工程院院士,中国海洋大学教授
桂建芳　中国科学院院士,中国科学院水生生物研究所研究员
万　荣　上海海洋大学校长、教授
严小军　浙江海洋大学党委书记、研究员
张国琛　大连海洋大学副校长、教授
陈　军　中国水产科学研究院渔业机械仪器研究所所长、研究员
方　辉　中国水产科学研究院东海水产研究所所长、研究员
金显仕　中国水产科学研究院黄海水产研究所党委书记、所长、研究员

水产养殖工程与前沿技术丛书
丛书编委会

主　编：徐　皓

委　员（以姓氏笔画为序）：

　　　　王　芳　方　辉　任效忠　刘世晶

　　　　刘兴国　刘　晃　江　涛　张　俊

　　　　李秀辰　胡庆松　赵云鹏　顾兆俊

　　　　崔铭超

水产养殖工程与前沿技术丛书出版工作委员会

主　　任：王　芳
副 主 任：张　俊
支持团队：上海市高水平地方大学重点创新团
　　　　　队——"渔业工程与装备"团队

本书编写组成员

张　俊　曹守启　王　芳　胡庆松
任效忠　贾广臣　王明华　高　阳
陈聪聪　郭　俊　张瑜军

序 一

水产品为我国城乡居民贡献了30%的优质动物蛋白,是我国多元化食物供给体系的重要组成部分。据预测,到2035年,随着我国社会的现代化发展、人民美好生活的不断提升以及健康膳食结构的持续优化,水产品的供给总量将增加1 000万t左右的规模。中国是世界渔业大国,更是水产养殖大国。2023年,水产品生产总量为6 865.9万t,养殖产品与捕捞产品的产量比例为81.6∶18.4,水产养殖总量为5 809.6万t,养殖面积7 624.6千hm^2,陆上的鱼类池塘养殖和近海的贝类筏式养殖成为产业的主体。

我国水产养殖有2000多年的历史,养殖方式源于传统方式,在社会高质量发展的历史性进程中,实施绿色转型已经成为渔业现代化建设的主旋律。发展设施渔业,推动水产养殖由传统粗放向智慧高效转型升级,是渔业高质量发展的重要举措。"十三五"以来,我国池塘养殖设施化、工程化水平持续提升,形成了池塘设施标准化改造、池塘生态工程化构建、生产作业机械化升级、养殖管控信息化发展、种养功能多元融合等标志性成效,建成了一批水产健康养殖示范园区,显著地提升了鱼虾蟹等基础性水产品健康养殖水平,促进了稻鱼种养、休闲渔业的开拓性发展,在生产总量持续增长的前提下,保障了安全、提升了质量,实现了尾水控制与循环利用。贝藻类筏式、底播增养殖实现了与人工鱼礁、水域生态的多营养层级构建,海上作业的劳动生产效率逐步提升,形成了具有资源环境修复与碳汇功能的现代海洋牧场建设范式。工厂化养殖的规模水平和专业化程度发展迅速,针对南美白对虾、石斑鱼、鲑鳟鱼等的循环水养殖成为产业热点。深远海养殖成为增长率最高的产业,重力式网箱成为生产的主体,桁架类网箱发展迅速,养殖工船正在带动面向未来的渔业工业化生产方式。在这些进程中,渔业装备的科技进步发挥了重要的支撑和引领作用。"十三五"以来,在国家和地方的一系列渔业科研计划中,渔业装备及设施养殖科技创新成为重要的组成部分,经过持续研发,突破了一批关键核心技术,构建了诸多典型性技术模式,取得了显著的产业示范与推广效应。

应该看到,我国渔业整体上还未脱离传统粗放的生产方式,水产养殖的机械化、数字化、智慧化发展相对滞后,对应现代渔业高质量发展的要求,需要在总结前期发展的基础上,对照国家"十五五"及2035发展要求与产业需求,还需要进一步聚焦重点,强化创新,实现新的、突破性发展。

"水产养殖工程与前沿技术丛书"由我国渔业装备领域的优秀专家领衔编写,系统总结了他们各自所在专业领域最新的装备技术研发与应用进展,内容包括现代水产养殖工程理论与创新、循环水养殖系统集污水动力学、桁架类网箱养殖水动力学、池塘养殖尾水处理、水产养殖智能精准饲喂、深远海工船养殖装备、筏式养殖机械化装备、滩涂养殖作业装备、渔业船联网标准体系等,各成分册。这套丛书全面呈现了我国水产养殖工程领域"十三五"以来的关键技术成果,对于渔业产业的转型升级与装备学科的长远发展具有总结、展示和引领性作用,是一套兼具理论与实践性意义的专业丛书,值得业界参考学用。

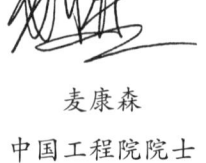

麦康森
中国工程院院士
中国海洋大学教授

序二

发展高效设施养殖已经成为我国现代渔业绿色转型与高质量发展的重要举措。我国是世界水产养殖大国,有着悠久的水产设施养殖文明,代表性的历史记载可以上溯到商末周初甲骨卜辞"贞其雨,在圃渔"的池塘养殖、北魏《齐民要术》记载春秋《陶朱公养鱼经》"水蓄所谓鱼池,以六亩地为池,池中有九洲……九洲八谷,谷上立水二尺,又谷中立水六"的池塘生态化工程设施,以及明代《农政全书·鱼》提出的桑基鱼塘系统性构建方法等。发展至今,我国已拥有水产养殖面积 7 624.6 千 hm^2,养殖总量 5 809.6 万 t,为社会提供了 30% 的动物蛋白,成为食物保障体系的重要组成,其中依靠设施装备的养殖方式,包括池塘养殖、筏式吊笼养殖、底播养殖、工厂化养殖、网箱养殖等,产量占比 78%。目前,设施养殖方式正在从传统的依靠人力、经验向现代的机械化、智能化发展。

"十三五"以来,我国水产养殖工程装备科技创新取得了快速发展,在国家"蓝色粮仓""海洋农业与淡水渔业"重点研发计划和现代农业产业技术体系等专项的支持下,我国水产养殖设施装备取得了长足进步,其成就主要表现在:池塘生态调控理论与技术体系全面构建,设施装备技术创新推进形成了一批模式化技术;工厂化养殖环境管控向精准化发展,智能化装备技术创新提升了养殖系统的工业化水平;深远海养殖装备正在向更深、更远迈进,以桁架类网箱和养殖工船为代表的海上工业化养殖平台初步成形;滩涂与筏式养殖主要作业环节"机器替人"装备研发取得创新性进展,全程机械化效应正在显现;水产养殖系统数字化水平有了整体性提高,智能化装备技术取得创新性进展,有力地推动了水产养殖的绿色、健康与高效发展。

客观而言,对应现代渔业高质量发展的要求,对照渔业先进国家工业化养殖的技术水平,我国水产养殖设施装备的技术水平还有很多不足,传统设施、粗放设备与机械化、智能化技术共存,标准化技术、定型化产品对产业的覆盖面还很有限,关系未来的生态工程化、设施工业化核心装备亟待突破,水产研制工程装备的科技发展任重道远。

本丛书编写旨在系统总结"十三五"以来我国水产养殖工程装备所取得的主要研发进展,以推动技术成果的产品化应用,提升新技术新产品在产业的推广量与覆盖面。同样重要的是,对于未来的发展要求,从学科建设的角度,系统性总结现代设施养殖发展中水产工程装备的理论、方法、技术创新与前沿性研发,为后续的渔业装备科技进步,夯实基础,承前启后。

"水产养殖工程与前沿技术丛书"由多所高校与科研机构的专家共同策划,聚焦重点,对我国水产养殖工程领域的理论、方法与前沿技术成果进行了系统性梳理总结。丛书计划分期出版,其中"水产养殖工程理论与实践"部分,系统性梳理水产养殖工程学的理论体系以及前沿性装备技术创新和典型性工程案例;"循环水养殖系统集污水动力学"部分,聚焦工厂化养殖高效集污问题,阐述鱼池流场构建的理论与方法;"桁架类网箱养殖水动力学"部分,对应深远海大型桁架类网箱设施的安全性难题,提出数值化理论模型与产品化结构设计方法;"池塘养殖尾水处理技术"部分,系统性总结了不同养殖方式池塘养殖尾水的排放特性、生态工程化处理工艺装备与应用设计案例;"水产养殖智能精准饲喂技术"部分,介绍了基于饲养行为与数字化控制技术的精准投喂方式与智能装备;"深远海工船养殖装备与技术"部分,整体性阐述了游弋式大型养殖工船的功能结构、核心装备、养殖模式与设计案例;"筏式养殖装备与技术"部分,着重介绍了海带、牡蛎海上自行式机械化收获等"机器替人"关键装备;"滩涂养殖装备"部分,总结了缢蛏、蛤等滩涂增养殖贝类采收机械的研发设计;"渔业船联网标准体系"部分,介绍了海上作业渔船物联网系统构架的技术标准体系。各分册主编均为相应领域的优秀领军人才和资深专家,具有颇高的理论造诣和创新水平,全面呈现了我国水产养殖工程领域的关键技术成果,但也由于有限的理论水平,在文字撰写、书面表述等方面,难免存在欠缺与疏漏,诚恳期待同行和广大读者批评指正,以帮助我们持续完善。

希望该丛书能为相关高校、科研机构、水产养殖企业等研究人员提供帮助，为我国水产养殖行业的智能化、生态化发展提供有力支持，推动我国水产设施养殖迈向新的高度。

丛书主编

徐 皓

中国水产科学研究院渔业机械仪器研究所

原所长、首席科学家、研究员

前言

据《2024中国渔业统计年鉴》，2023年，我国水产养殖产量占渔业总产量的81.6%，养殖产量连续多年稳居世界第一。然而，池塘养殖占淡水养殖总面积的52.15%，多地依旧延续粗放散养模式，存在设施化水平低、尾水难处理、水域环境恶化、病害频发等问题。近年来，我国以扩产能、调结构、优布局为导向，以推进池塘标准化改造、发展工厂化循环水养殖、开发盐碱地水产养殖、建立深远海大型智能化养殖渔场为重点任务，制定了一系列总体实施方案。

循环水养殖模式是我国水产养殖业转型升级的重点方向。2023年，中央一号文件将"养殖池塘改造升级"列为重点任务。同年，国家《现代设施渔业建设专项实施方案（2023—2030）》提出"全面推进池塘标准化改造和工厂化渔场建设，到2030年，将完成池塘标准化改造1700万亩，新增现代工厂化养殖水体1500万立方米"。相比于传统水产养殖模式，循环水养殖实现了从散养到圈养、从静水到流水、从粗放到集约的变革，符合资源节约、节能减排的发展理念。但在实际应用中，循环水养殖系统（Recirculating Aquaculture System，RAS）常面临集排污效能低、换水率高、能耗大的突出问题，是制约水产养殖业高质量发展的难题。

循环水养殖池（RAT）是循环水养殖系统的基础设施。良好的水动力特性不仅是提高水循环能量利用率、空间利用率和集排污效能的关键，也是保持溶解氧均匀混合、确保水生生物健康生长的前提。循环水养殖池水体中的粪污、残饵等固体污染物如果不能快速去除，将会不断积累并分解，产生大量细小悬浮物、絮状物和有害化学物质，导致水质恶化。这不仅严重威胁水生生物的存活率，还增加了尾水处理的难度。由于循环水养殖池中的水体污染颗粒物排出率不仅与池型、进排水、推流及增氧方式有关,还与养殖品种、规格、密度相关,再加上污染物与水体、壁面及污染物之间的相互作用,导致其形状、粒径分布等物理性状不断变化,准确评估十分困难。

  本书全面总结了循环水养殖池水动力学的研究方法与理论,分析了养殖池的池型结构参数、射流式进水方式、底流口集污装置、水车式增氧机对集污水动力特性的影响。以分割式池塘循环水养殖系统为例,本书介绍了集约化池塘循环水养殖系统的水动力特性,力求为相关研究人员和养殖实践者提供一定的理论指导和技术支持。

  本书的出版得到了"十四五"国家重点研发计划——淡水池塘低碳养殖智慧渔场关键技术与装备(项目编号:2023YFD2400500)、上海市自然科学基金项目——集约化循环水养殖池塘高效集污水动力特性研究(项目编号:24ZR1429000),以及上海市科技兴农项目课题——水产养殖水体颗粒物去除技术与装备研发(项目编号:沪农科推字2021第3-1号)的支持,在此深表谢意。由于作者水平有限,书中若有不当之处,敬请谅解。

作　者

2025年2月

目 录

第1章　绪论　　001

1.1 国内外研究现状　　/ 002
　1.1.1 循环水养殖系统　　/ 002
　1.1.2 池型几何结构对水动力特性的影响　　/ 009
　1.1.3 水循环驱动方式对水动力特性的影响　　/ 015
　1.1.4 底流口集排污装置对水动力特性的影响　　/ 017
　1.1.5 养殖鱼类对水动力特性的影响　　/ 020
　1.1.6 养殖池自净化效能的评价指标　　/ 021
1.2 养殖池水动力特性的研究方法　　/ 022
　1.2.1 数值模拟法　　/ 022
　1.2.2 物理模型试验　　/ 024

第2章　循环水养殖池水动力学数值计算理论　　026

2.1 单相流模型　　/ 026
　2.1.1 控制方程　　/ 026
　2.1.2 湍流模型　　/ 029
2.2 多相流模型　　/ 031
2.3 网格划分与独立性验证　　/ 037
　2.3.1 网格划分　　/ 037
　2.3.2 网格独立性验证　　/ 038
2.4 数值求解方法　　/ 039

2.4.1　离散格式　　　　　　　　　　　　　　　　　　／ 040
2.4.2　边界条件　　　　　　　　　　　　　　　　　　／ 042
2.4.3　计算方法　　　　　　　　　　　　　　　　　　／ 043

第 3 章　池型结构参数对养殖池水动力特性的影响　　>>> 045

3.1　养殖池的池型结构　　　　　　　　　　　　　　　　／ 045
　　3.1.1　几何结构模型　　　　　　　　　　　　　　　／ 045
　　3.1.2　流速分布特性　　　　　　　　　　　　　　　／ 048
　　3.1.3　涡流结构特性　　　　　　　　　　　　　　　／ 049
　　3.1.4　水流均匀性指数　　　　　　　　　　　　　　／ 053
　　3.1.5　能量利用效率特征　　　　　　　　　　　　　／ 055
　　3.1.6　自净化效能　　　　　　　　　　　　　　　　／ 056
　　3.1.7　水动力综合性能　　　　　　　　　　　　　　／ 057
3.2　池型对水动力影响效果　　　　　　　　　　　　　　／ 058

第 4 章　射流式水循环驱动方式对养殖池水动力特性的影响　>> 060

4.1　射流式进水管的数量　　　　　　　　　　　　　　　／ 060
　　4.1.1　数值模型　　　　　　　　　　　　　　　　　／ 060
　　4.1.2　流速分布　　　　　　　　　　　　　　　　　／ 062
　　4.1.3　涡流结构　　　　　　　　　　　　　　　　　／ 064
　　4.1.4　水流均匀性指数　　　　　　　　　　　　　　／ 065
　　4.1.5　能量利用效率　　　　　　　　　　　　　　　／ 066
　　4.1.6　自净化效能分析　　　　　　　　　　　　　　／ 067
4.2　射流式进水管的布设位置　　　　　　　　　　　　　／ 071
　　4.2.1　几何结构模型　　　　　　　　　　　　　　　／ 071
　　4.2.2　流速分布与涡流结构　　　　　　　　　　　　／ 072
　　4.2.3　水流均匀性指数　　　　　　　　　　　　　　／ 079
　　4.2.4　弗劳德数　　　　　　　　　　　　　　　　　／ 080
　　4.2.5　水阻力系数　　　　　　　　　　　　　　　　／ 081
　　4.2.6　能量利用效率　　　　　　　　　　　　　　　／ 082

  4.2.7 自净化效能分析 / 085
 4.3 射流式进水管对集污水动力的影响 / 086

第 5 章　水车式增氧机对养殖池水动力特性的影响　>>> 088

 5.1 数值模型 / 089
  5.1.1 叶轮简化模型 / 089
  5.1.2 方案设计 / 090
  5.1.3 边界条件 / 092
  5.1.4 网格模型 / 093
 5.2 结果分析 / 094
  5.2.1 流动均匀性指数和平均速度 / 094
  5.2.2 速度云图 / 097
  5.2.3 速度流线图 / 099
  5.2.4 颗粒物轨迹与排出率 / 101
 5.3 水车式增氧机对集污水动力的影响 / 103

第 6 章　底流口导流盘对养殖池水动力特性的影响　>>> 104

 6.1 导流盘结构对集污水动力特性影响 / 105
  6.1.1 结构模型 / 105
  6.1.2 计算方法参数 / 107
  6.1.3 导流盘直径对流场特性的影响 / 107
  6.1.4 导流盘高度对流场特性的影响 / 111
  6.1.5 导流盘对水流及颗粒物运动的影响机制 / 113
  6.1.6 导流盘直径对颗粒去除率及去除效率的影响 / 114
  6.1.7 导流盘高度对颗粒去除率及去除效率的影响 / 119
  6.1.8 粒径对颗粒物停留时间与分布比例的影响 / 123
 6.2 带有底面坡度的养殖池算例 / 125
  6.2.1 几何结构模型 / 125
  6.2.2 计算方法参数 / 127
  6.2.3 导流板结构参数对速度分布的影响 / 128

6.2.4	导流盘结构参数对涡流结构的影响	/ 130
6.2.5	导流盘结构参数对壁面剪切应力的影响	/ 131
6.2.6	导流板结构参数对水流均匀指数的影响	/ 131
6.2.7	导流盘直径对不同直径颗粒去除率	/ 132
6.2.8	导流盘高度对颗粒去除率及去除效率的影响	/ 133
6.2.9	粒径对颗粒物停留时间与分布比例的影响	/ 135

6.3 导流盘对集污水动力的影响 / 136

第7章　分割式池塘循环水养殖系统水动力特性　139

7.1 养殖单元算例分析 / 139
  7.1.1 不同注水条件下的水动力特性 / 140
  7.1.2 不同底面坡度下的水动力特性 / 148
7.2 养殖池塘全域水动力特性分析 / 154
  7.2.1 几何结构模型 / 155
  7.2.2 全域系统的水循环特性数值模拟 / 156
7.3 分割式循环水养殖系统研究总结 / 158

第8章　总结与展望　160

8.1 内容总结 / 160
  8.1.1 养殖池几何形状的重要性 / 160
  8.1.2 射流式进水结构设计对养殖池的影响 / 161
  8.1.3 水车式增氧机对养殖池的影响 / 161
  8.1.4 出水结构的优化 / 161
  8.1.5 分割式循环水养殖系统与养殖单元的水动力分析 / 162
8.2 未来展望 / 162
  8.2.1 智能设备在养殖过程中的应用 / 162
  8.2.2 循环水系统的能效优化与创新 / 163
  8.2.3 养殖池研究方法的创新 / 163

参考文献 / 164

第 1 章
绪　论

水产养殖业是全球增长最快的粮食生产部门,自1990年以来,产量增长了600%以上[1]。《2024中国渔业统计年鉴》数据显示,2023年,全国水产品总产量为7 116.17万吨,同比增长3.64%。其中,养殖产量为5 809.61万吨,同比增长4.39%。全国水产养殖面积为7 624.60千公顷,同比增长7.28%。其中,海水养殖面积为2 214.87千公顷,同比增长6.77%;淡水养殖面积为5 409.73千公顷,同比增长7.48%;海水养殖与淡水养殖的面积比例为29.0∶71.0[2]。水产养殖业作为人类重要的蛋白质和必需营养素来源,在解决全球粮食问题中发挥着越来越重要的作用[3]。同时,传统水产养殖业带来的抗生素污染、富营养化、土地占用和其他环境危害问题也已引起国际社会的普遍关注。为此,联合国粮食及农业组织提出了"蓝色增长"的概念,推广高效集约式水产养殖模式。以此为代表的循环水养殖系统(Recirculating Aquaculture System,RAS)正是其核心和前沿领域。该系统的核心目标是通过有效调控水温、盐度、pH值、碱度、化学成分和氧气浓度等水质参数和养殖环境,为养殖对象提供适宜的生长条件。循环水养殖系统水处理流程如图1-1所示。

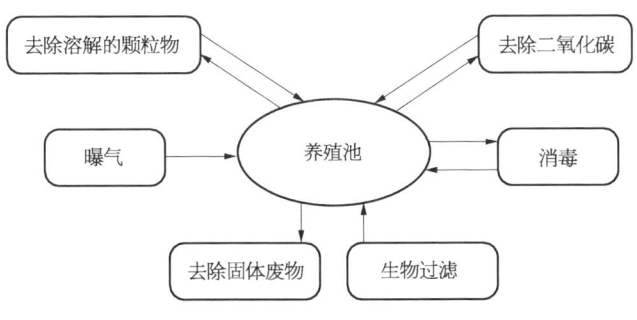

图 1-1　循环水养殖池水处理流程

自20世纪60年代起,循环水养殖系统模式在日本、美国、丹麦、挪威、德国、英国等发达国家受到重视,逐渐发展成为水产养殖业的主流模式之一。目前,世界各水产养殖强国正围绕循环水养殖的生态工程化、水循环装备、复合种养、分隔强化等高效养殖模式,以及相应的设施化、机械化、信息化等技术和装备开展重点研究[3]。20世纪90年代初,循环水养殖模式在我国起步,并在过去30年内取得了显著进展。然而,随着该养殖模式的迅速发展,养殖池水动力状况不理想的问题日益突出,成为其进一步发展的技术瓶颈。当前,我国循环水养殖的研究方向主要集中在养殖设施的研发、尾水处理技术,以及部分关键处理设备的可靠性和精确性的提升,忽略了养殖池结构及池内水动力特性对鱼类的影响[4]。由于缺少基础性理论研究和科学的设计依据,目前的循环水养殖系统还存在水循环效能低、固体沉淀颗粒物和悬浮颗粒物分离效率低、集污/排污效果差等一系列关键问题尚未解决,这些问题严重制约了循环水养殖模式的发展和应用。因此,有必要开展关于循环水养殖系统的相关研究。

研究循环水养殖池结构及相应运行参数对水动力特性、能量和水利用率、自净化效能的影响机制,设计合理的养殖池结构与养殖设备及运行参数,对提高循环水养殖效率具有重要的科学意义和应用价值。

1.1 国内外研究现状

1.1.1 循环水养殖系统

循环水养殖系统是一种利用循环水技术进行水产养殖的系统。它通过对水体进行过滤、处理和再利用,可以实现水资源的高效利用与生态环境的保护。该系统模拟了自然水体的生态循环,使水质能够保持在适宜水生生物生长的状态。循环水养殖系统的主要组成部分包括水池、进出水系统、过滤装置、水质监测系统和增氧设备等。这种系统在现代水产养殖中越来越受到重视,尤其是在城市或资源有限的地区。目前,循环水养殖系统分为池塘循环水养殖系统和工厂化循环水养殖系统,国内外研究人员针对这两种养殖模式开展了大量研究。

1) 池塘循环水养殖系统

池塘循环水养殖系统(Pond Recirculating Aquaculture System,PRAS)是

在循环经济框架下发展起来的一种创新池塘生态养殖模式。PRAS 通过将养殖过程分为特定功能的模块，利用一个模块排放的物质作为另一个模块的资源，实现了养殖废水的净化。这种方法不仅促进了水资源的循环使用，还实现了营养物的回收和利用[5-6]。

根据分区功能和专门构建的理念，现代土木技术已被广泛应用于改进传统养殖池塘。这些改造主要围绕三个核心单元展开：水流推动单元、养殖区单元和鱼粪收集单元。改建方法主要包括在池塘内部设置跑道、划分不同养殖区域和池塘串接布局等策略[7]。尽管在大规模养殖生产中，由于高功率叶轮机的长时间运行导致能源消耗大，加之充氧需耗费额外能量，池塘串接式循环水养殖系统自 21 世纪初起便逐渐被减少推广。

池塘循环水养殖系统包括分割式循环水养殖系统和跑道式循环水养殖系统。其设计原理应用了循环水养殖技术、生物净水技术、集/排污技术，主要通过将某一养殖模块所排放的养殖废物作为下一级养殖模块的物质资源，通过水体循环的作用，使养殖废水在各个养殖区进行多次生物净化，进而达到水资源循环利用、营养物质多级利用的目的[8]。这是一种"节能、减排、生态、高效"的新型养殖模式。循环水池塘养殖系统相较于传统池塘养殖具有一系列显著的优势。这些优势不仅包括能够高效地回收残饵和粪便、减轻养殖水体的负担及增加环境容量，还能在不牺牲养殖效益的前提下，促进生产管理和渔业的转型与升级。

然而，目前广泛采用的集约化水产养殖系统主要依赖于跑道式养殖池。这一模式虽然在一定程度上提升了养殖密度，却也带来了新的挑战。跑道式循环水养殖系统的核心理念是利用循环水系统来优化水源利用，提高养殖效率，同时降低环境污染风险。系统结构由养殖跑道、集污区和净水区三部分组成，在空间上将养鱼和养水隔离。在养鱼区中，通过布置增氧机、风机等设备实现水体增氧和水流循环；在集污区中，利用吸污泵收集残饵和鱼类粪便等污染物，实现对大部分颗粒污染物的净化；在净水区中，通过养殖鲢、鳙等鱼类和种植水生植物，达到净化水质的目的[12]。同时，跑道式池塘循环水养殖系统适用于各种水产养殖，如鱼类、虾类、贝类等，尤其在水资源不足或环保要求高的地区，具有重要的应用价值。位于安徽省巢湖市江坤水产生态养殖专业合作社的养殖基地建立的池塘工程化循环水养殖系统如图 1-2 所示。跑道循环水养殖是一种新技术模式，具有资源节约、环境友好、生态循环的特色优势，具备质量可控、集约智能、产出高效的技术优势，是水产养殖业绿色发展的一次具体实践。

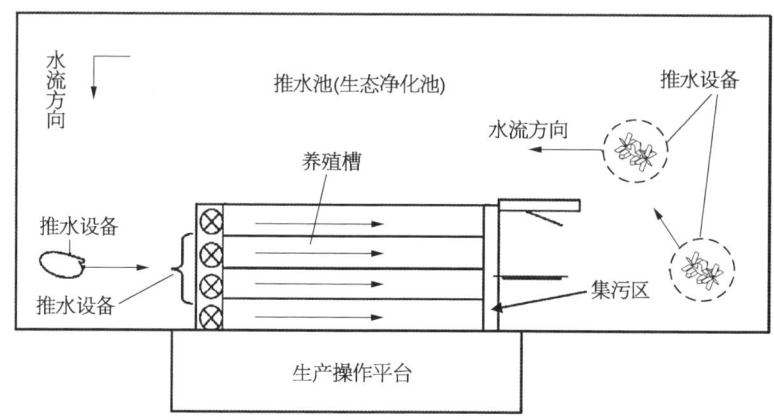

图1-2 跑道式循环水养殖系统示意图

资源节约是跑道循环水养殖的最大优势,该技术模式对土地依赖程度低,大大减少了养殖用水量,有效解决了节地节水问题;环境友好是其显著特色,养殖过程封闭循环,尾水排放可实现固液分离,资源化利用,减少对环境的负面影响;优质高效是其典型特征,跑道循环水养殖实现了设施装备标准化、水质调控精准化、养殖过程清洁化、生产管理智能化。同时,跑道式池塘循环水养殖系统在应用过程中也出现了一些新的问题,包括但不限于不佳的集污效果、较高的饲料漏失率,以及捕捞排放瞬间对环境造成的高压力等问题。这些问题不仅影响了水体的质量,还可能限制养殖效率和生产的可持续性。因此,为改善这些弊端,还需对跑道式池塘循环水养殖系统的养殖结构、水循环装置、集污装置等进行深入研究,以减少养殖过程中出现的问题。跑道式池塘循环水养殖系统是现代水产养殖发展的新方向,通过科技手段提高资源利用效率和养殖效果,为可持续发展贡献力量。虽然目前在应用过程中会出现一些问题,但经过不断的改进与创新,跑道式池塘循环水养殖系统将会创造更好的经济效益。

分割式循环水养殖系统是在传统养殖池塘中建造集约化养殖区、沉淀区、滤食性鱼类养殖区、水生植物区等。通过导流墙将各个功能区隔开,各功能区通过运输管道连接,并且集约化养殖区设有增氧机、风机和水泵。该养殖模式实现了营养物质的多级利用,各个功能区均具有经济效益,是一种新型的"节能、高效、环保"养殖模式[9]。如图1-3所示,该养殖系统是由中国水产科学研究院渔业机械仪器研究所在崇明水产养殖基地建设的上海市农业示范工程,是一种典型的分割式循环水养殖模式。因此,分割式池塘循环水养殖系统应运而生。该系统通过设计多个具有特定功能的独立区域,包括装有独立养殖池的区域,旨在提高水质管理的效率和灵活性。

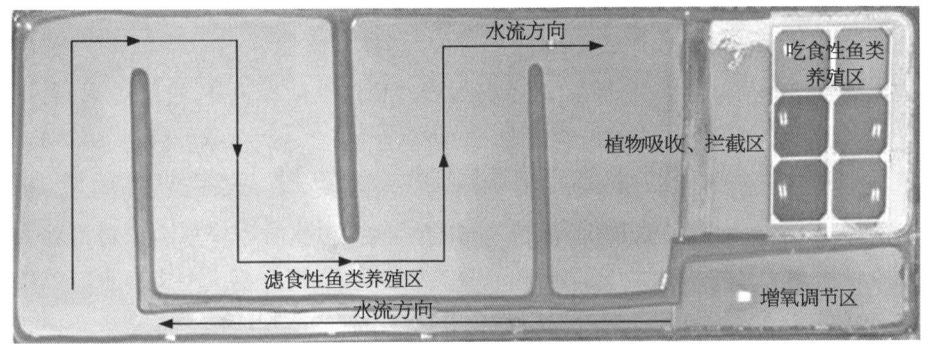

图 1-3　上海市农业示范工程——分割式池塘循环水生态养殖系统

池塘养殖在相同养殖周期中处于内环境相对稳定,池塘内的水流主要受外围环境的影响,而水体中的诸多指标如溶氧、氨氮等也相应地受水流因素的影响[10]。传统的池塘养殖在技术层面相对成熟,但仍有许多制约养殖生产的因素,如养殖效能低、养殖环境难以控制、养殖周期较长、对外环境造成水体污染、养殖模式抗风险能力较弱等。与此相对应,近些年出现了一种新型的养殖模式——内循环流水养殖模式,俗称跑道式流水循环水养殖,是我国"十三五"期间渔业转型升级重点推荐发展的绿色养殖模式之一[7,11]。该模式通过设置一定数量的流水养殖槽,将养殖品种集中"圈养",并配备推水增氧、底部增氧、集污排污、水质监测等设施设备,构成了较为完善的技术密集型生态健康养殖系统。

现代池塘循环水养殖系统最早在美国研发,如 Brune[13] 等研发的分隔式池塘养殖系统和佛罗里达州立大学 Andrew[14] 等研究构建的跑道式池塘养殖系统。我国在池塘循环水养殖方面的研究起步较晚,直到 20 世纪 80 年代才引进第一批循环水养殖设施用于鳗鱼养殖。然而,由于这种养殖模式的投入和运行成本过高,当时的水产养殖商难以接受,导致该模式很快被搁置。近年来,国家陆续启动了一系列国家高技术研究发展计划(863 计划)和国家科技支撑计划项目,2012 年以后,循环水养殖系统才在我国得到广泛推广[15]。例如,李琦等对虾高位池塘循环水养殖系统对水质调控效果的研究[16];黄国强等设计了一种池塘循环水对虾养殖系统[17];李谷等研究构建了一种带有复合人工湿地的池塘循环水养殖生态系统[18];中国水产科学研究院渔业机械仪器研究所对池塘生态循环水养殖模式开展了大量研究[19],田昌凤研究了分隔式循环水池塘养殖系统,研究表明:分隔式循环水池塘养殖系统与对照塘相比,水体中的总氮、总磷均有所降低,水体透明度明显增加,总体水质良好[9]。综上所述,池塘循环水养殖新模式与传统养殖方式对比,养殖鱼类存活率更高、产量更大、经济效益更加明显。

2) 工厂化循环水养殖系统

2022年1月,农业农村部印发《"十四五"全国渔业发展规划》,针对当前乡村振兴和长江大保护背景下的渔业高质量发展要求,提出要大力提高水产养殖的规模化、集约化、机械化、智能化、标准化水平,而工厂化循环水养殖模式正是核心和主要的发展方向[20]。工厂化循环水养殖系统的设计包括增氧技术、生物过滤、物理过滤、消毒杀菌、温度调控及水质调控等多种技术,是一种结合生物、化学、力学、电子学、建筑工程学、机械工程学等多个交叉学科原理的新型高效养殖模式[21]。该养殖模式实现了水产养殖过程的集成化、智能化控制,并且具有水资源浪费少、养殖集中、养殖密度大、养殖产量高、经济效益好、养殖水体可调等特点,符合当前水产养殖产业的发展需求。工厂化循环水养殖系统包括陆基循环水养殖系统和海水循环水养殖系统。

陆基循环水养殖模式是一种集现代化、自动化、集约化于一体的绿色健康水产养殖模式(图1-4),可实现生产过程的可控,实现跨季节常年养殖。同时,该模式排放的废水废物少且方便集中处理[22],在稳定高产的同时,对环境造成的压力较小,具有良好的社会和生态效益。陆基循环水养殖模式是指在内陆封闭或半封闭室内建立养殖水池及相关设施和设备,通过水处理设施和设备对养殖尾水进行水质净化,包括物理过滤、化学消毒、增氧脱气等一系列处理,尾水处理完成后再次进入养殖池,实现水循环利用。该养殖模式主要通过工业化手段控制养殖水环境,具有养殖密度大、水资源用量小、占地面积小、环境污染较小的特点,是一种不受天气和地域影响的养殖模式。

海水循环养殖模式是指利用现代工业手段营造适合水生生物生长所需的环境,在半自动或全自动化系统下,对水产品高密度养殖的全过程进行监管和控制,使养殖品种在最佳环境中获得最快的生长速度[23]。这是一种集工程、生物、生态、物理、化学等学科于一体,实现全年高产、高效养殖目的的现代化新型水产养殖方式(图1-5)。

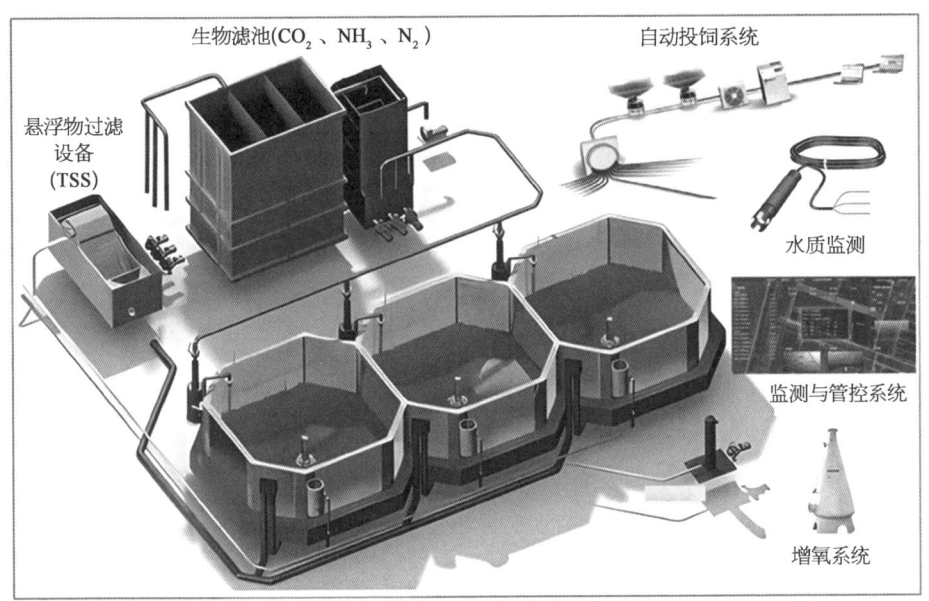

图 1-4 陆基循环水养殖系统

图 1-5 海水循环水养殖系统

工厂化循环水养殖已成为许多经济发达国家水产养殖的主要方式。早在20世纪70年代,国外已经建立了完善的循环水养殖理论体系。相比之下,国内工厂化循环水养殖模式起步较晚,直到20世纪80年代才引入国外的循环水养殖技术。然而由于相关技术的限制及设备投资费用高昂,这种养殖模式在国内并未得到广泛推广。直到20世纪90年代,国内才开始大范围推广这种养殖模式。近年来,由于传统养殖模式引发的环境污染问题及水产养殖产业转型升级的需求,国内工厂化循环水养殖产业进入了快速发展阶段。与国外相比,我国开展循环水养殖的时间较短,相关技术研发基础较为薄弱,且在国际热点领域的研发投入仍显不足。因此,在养殖废水和废物的综合利用、水质指标控制及降低系统能耗等方面的研究仍需进一步开展。

综上所述,循环水养殖模式是一种"节能、减排、生态、高效"的养殖方式,满足了当前水产养殖业健康可持续发展的需求,有力地推动了水产养殖现代化的发展。然而,目前的循环水养殖系统仍存在许多关键问题尚未解决,这严重制约了循环水养殖模式的发展和应用。因此,有必要开展关于循环水养殖系统的相关研究。养殖池作为循环水养殖系统的重要组成部分,其结构的合理设计是实现最佳养殖条件、提高自净化效能及空间利用率的关键。

养殖池作为循环水养殖系统中的关键基础设施,研究其结构和池内水动力条件对鱼类的影响具有重要意义。掌握循环水养殖系统的水动力特性不仅是改善集排污性能的关键,也是提高单位水体产出率的前提,这对提高养殖效率在农业领域具有重要的科学意义和广泛的应用价值。

在循环水养殖池的结构优化方面主要有四个研究方向:一是养殖池结构的优化,包括形状、大小和底面坡度等因素,合理的养殖池形状和大小可以影响水体的流动和混合效果,从而影响水质的稳定和鱼类的生长;二是进水结构装置的优化,它对水体的流动和混合起着关键作用。通过合理设计进水结构,可以提高水体的循环效率和溶解氧的均匀分布;三是排水和集污装置结构的优化,这对于提高集排污效能非常重要。通过合理设计排水和集污装置,可以有效去除固体颗粒物和废物,维持水质的稳定性和养殖环境的健康;四是养殖池配合设备的研究与设计,养殖池工作时,需要大量外部设备的配合才能使其工作效率最大化。其中增氧设备的使用可以保证养殖生物的存活率,推水装置可以改变养殖池的水动力条件,提高养殖池的养殖效率和排污效率。合理的外部设备可以为养殖池提供更优越的养殖条件。

在保证经济效益和良好的水动力条件下,如何设计和优化养殖池结构,是循环水养殖领域的一个重点研究方向。在研究养殖池水动力特性时,有时还需要考虑养殖水生生物的习性和养殖池内复杂的流场。不同水生生物的养殖需要根据它们的生活习性来确定相应的养殖环境要求,因此需要综合考虑水质、水流速度、湍流情况等因素,以满足不同养殖物种的需求。同时,养殖池内的流动过程可能涉及固液两相流甚至多相流,对水动力特性的分析较为复杂。深入分析养殖池的水动力特性可以提高系统的建造效率和水生生物的生长环境,改善养殖水体的质量和密度。尤其是在大尺寸高密度养殖成为循环水养殖系统发展的趋势下,对养殖池水动力学特性的研究具有重要意义,为养殖行业的可持续发展提供科学依据。

1.1.2 池型几何结构对水动力特性的影响

近年来,随着循环水养殖系统模式的迅速发展,养殖池水动力状况不理想的问题日益凸显,如集污排污效能差、水循环过程中的能量利用率和空间利用率低等,已成为循环水养殖系统模式进一步发展的技术瓶颈。其中,如何设计和优化养殖池的结构参数,使养殖池既保持良好的水动力条件,又能拥有较高的空间利用率,是当前循环水养殖系统领域的重点研究方向之一。为探究不同结构养殖池对水动力的影响,国内外学者进行了许多研究。

1) 圆形养殖池

圆形养殖池因其均匀的水流分布、良好的水流动性、结构稳定性、便捷的管理、高效的自清洁能力及易于扩展和调整等优势,在各种养殖系统中得到广泛应用。Duarte等[24]利用PTV研究了不同养殖池结构和流动状态对养殖水产分布的影响。实验表明,相比矩形养殖池,圆形养殖池具有更高的养殖生物均匀分布系数,更适合工厂化高密度养殖。根据Timmons[25]的观点,圆形养殖池的径深比范围应保持在3∶1~10∶1的范围内,以避免产生静水区或死水区。Oca[26]提出了角动量模型拟合流速、进水口管径和水深,以获得圆形养殖池中的最佳水动力条件。薛博茹[27]提出了关于养殖池进径比C/B,研究指出进径比在0.02~0.04范围内双通道矩形圆弧角养殖池系统能够获得较佳的水动力条件;刘乃硕[28]针对Cornell和Waterline两种经典双通道圆形养殖池,对其速度流场进行了数值模拟分析。魏武[29]在研究养殖池水动力特性过程中,找出了水力条件与养殖池自净能力之间的关系,并据此优化了圆形养殖池的结构参数和运行参数,增强了养殖池沉淀颗粒的分离能力和自净能力,保证了养殖池水质和稳定运行,为其结构优化设计和运行管理提供了理论依据。然而,在实际设计中,还需要考虑养殖池的空间占用、养殖密度、鱼类种类及后处理方式等多种因素,径深比往往根据设计经验进行选择。在涉及池内流量的情况下,增加底流流量可以提高养殖池的自净能力,但同时也会增加底流水处理的成本。此外,随着养殖池尺寸的增大,原有的循环速度可能无法保证相同的自净能力。因此,随着养殖密度和尺寸的增加,圆形养殖池的设计和构建变得具有挑战性。这是由于较高的养殖密度和大尺寸的养殖要求更高的水质管理、水流控制和废物处理能力。综上所述,圆形养殖池在循环水养殖中具有许多优势,但其设计和构建需要综合考虑多个因素,以确保良好的水动力特性和养殖效果。针对不同的养殖需求,需要根据经验和实际情况确定最佳的径深比和流量参数,以充分发挥圆形养殖池的优势并降低潜在的挑战。

2) 矩形养殖池

矩形养殖池因其高效的空间利用、便于管理和操作、施工简便及水流控制灵活等优势,在养殖行业中得到了广泛应用。设计和优化养殖池的结构,使其既保持良好的水动力条件,又具备较高的空间利用率,是工厂化水产养殖领域的重要研究方向[14-15]。

西班牙加泰罗尼亚理工大学的 Oca 团队[26]提出在矩形养殖池中放置挡板,将养殖池分割为多个单元养殖池,以提高流场的水动力性能,并分析了挡板放置数量和矩形长宽比对流态的影响,如图 1-6 所示。然而,该研究并未进一步探讨和确定最佳挡板参数。

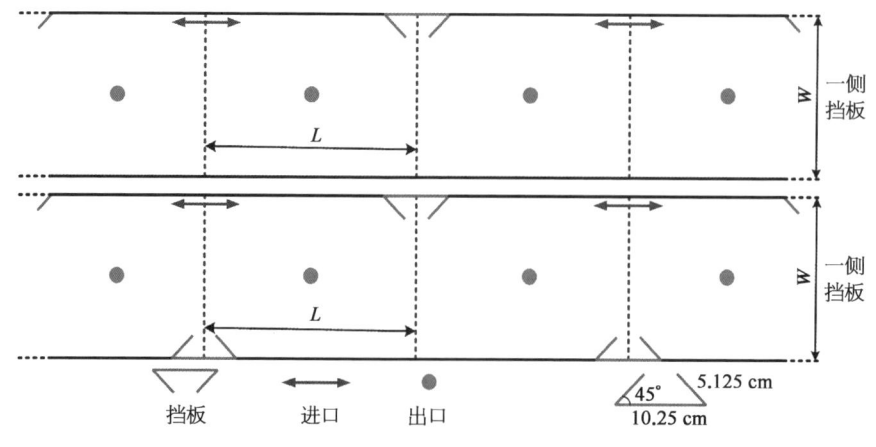

图 1-6 Oca 等研究的矩形养殖池

美国康奈尔大学的 Labatut 团队[30-32]对矩形混合养殖池(图 1-7)开展了一系列研究,通过流场特性和颗粒物停留时间的分析,证明这种具有高空间利用率的混合型养殖池兼具良好的水动力环境,水体混合性能优异,颗粒物去除效率高,为养殖池的结构优化设计提供了方向。

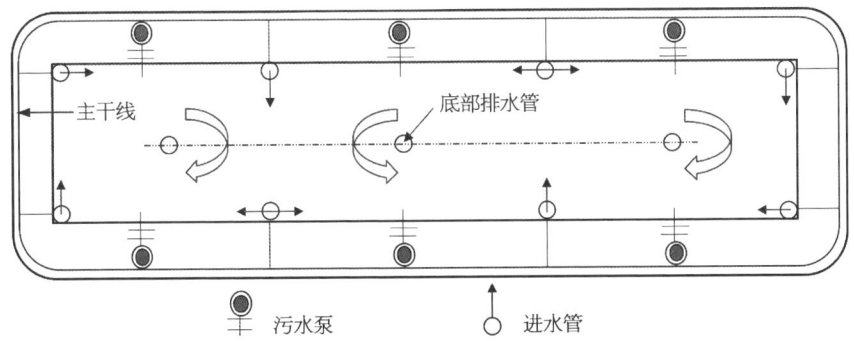

图 1-7　Labatut 等研究的矩形混合养殖池

Stockton[33]将跑道式养殖池改造成混合养殖池,如图 1-8 所示,实验与模拟结果证实了 Labatut 的结论。然而,Summerfelt 指出,矩形池的水体混合能力和集污排污能力较差,尽管其易于管理、构建成本较低且空间利用率高[34]。因此,矩形养殖池很少单独使用,通常需要进行改造。

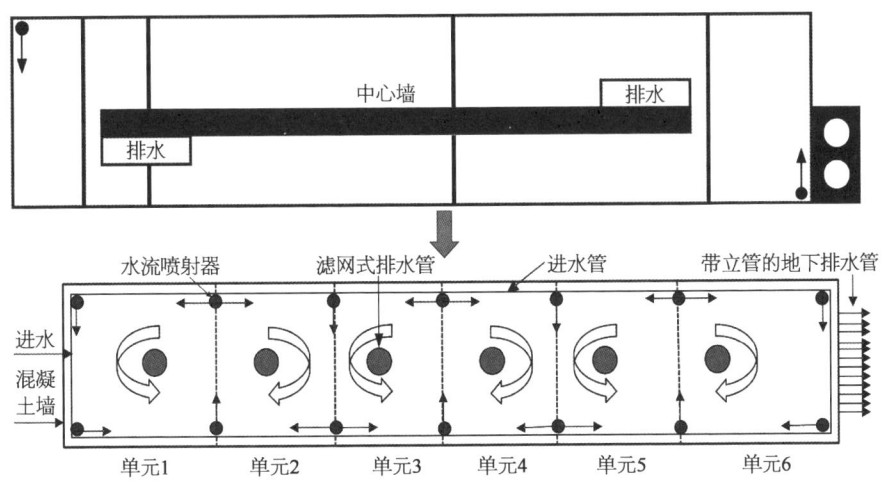

图 1-8　Stockton 等将跑道式养殖池(上)改造为混合式养殖池(下)

例如,Oca 团队提出在矩形养殖池中放置挡板[26],这些挡板将养殖池分割为多个养殖单元。挡板的存在会导致中心排水口周围区域产生较高的流速,这些高流速是确保养殖池自净化效能的关键因素。此外,该团队还引入了无量纲

水箱阻力系数 C_t 的概念,该系数可用于评估养殖池内的平均速度。C_t 值可以帮助评估水循环阻力与养殖池几何形状和进出口位置之间的关系,还可以描述具有旋转流动模式的特定容器配置对水循环的阻力情况。

综上所述,尽管矩形养殖池具有一些优势,但其水体混合能力和集污排污能力相对较差。因此,在使用矩形养殖池时,常常需要采取改进措施,如安装挡板等,以提高水体的流动性和自净化能力。

3) 方形切角与方形圆弧角养殖池

方形切角和方形圆弧角养殖池是一种创新设计,它巧妙地将圆形养殖池和矩形养殖池的特点融合在一起,形成了独特的养殖池结构。这种设计在空间利用和水流形态方面具有多种优势,同时还具备空间利用效率、强度和稳定性、便于管理和清洁,以及灵活性和可调性等特点。

张倩[35]等研究人员对不同弧宽比的方形圆弧角养殖池的水动力学条件进行了评估,并与相同弧宽比的八角形槽内的流动模式进行了比较。研究结果显示,当弧宽比在 0.2~0.4 范围时,方形圆弧角养殖池在水动力学特性方面具有显著优势,尤其是相较于其他不同相对弧宽比的养殖池而言。与八角形养殖池相比,在相同空间利用率下,方形圆弧角养殖池具有更高的平均流速、更少的低流速区域和更规律的水流运动。

此外,薛博茹[27]等研究人员提出了针对单通道矩形圆弧角养殖池系统的关键参数设置建议。他们发现将进径比参数控制在 0.02~0.04 范围可以实现最佳的流场条件。

史宪莹[36]研究了矩形圆弧角中长宽比对双进水管结构养殖池排污特性的影响,并得出结论:在综合考虑建设场地限制与经济方面的要求下,建议选择长宽比为 1~1.5 的范围进行建造。

综上所述,方形切角和方形圆弧角养殖池通过结合不同形状的优点,具备了较好的空间利用和水流形态特性。

任效忠团队[37]提出了以圆弧角代替直角的方式优化矩形养殖池,并针对不同圆弧角尺度和进水流量分析养殖池的流场特性。结果表明,当圆弧角半径与池宽之比为 0.20~0.25 时,养殖池可兼具较好的流场均匀性和较高的空间利用率。相关研究指出,在设计和构建方形圆弧角养殖池时,选择适当的弧宽比和进径比参数,并考虑长宽比的影响,可以获得更优的水动力学条件和排污特性。

几种常见养殖池类型如图 1-9 所示。

(a) 圆形养殖池

(b) 矩形养殖池

(c) 方形圆弧角养殖池

图 1-9　几种常见养殖池类型

4）其他类型养殖池

薛博茹[38]设计了一种新型的矩形单侧圆弧角养殖舱,如图1-10所示,重点研究了舱内的水动力参数,如液舱内的速度大小、流场的均匀性、湍流区域和涡流分布等。相比于传统的矩形液舱,该养殖舱在流场条件方面得到了显著的改善。此外,研究还发现将进水管适当远离侧壁布设可以有效提高养殖系统的自清洁性。张俊等[39]对比研究了正方形、六边形、八边形养殖池的水动力特性和综合性能,得出正六边形和具有较大切角距离的方形养殖池具有更好的水动力学特性。Watten[40]提出了一种混合单元养殖池(Mixed-cell rearing unit,MCR),该养殖池由独立的单池组成,每个单元由中心排水管定义,入口是从水位以上延伸到水箱底部的垂直管段,位于池的角落。养殖池内的单元数量可以根据单元的长度和宽度进行调整。垂直入口管具有喷射口,将水切向地引导到每个单元中,并建立水循环。水通过位于中央的底部排水管排出每个单元,排水管上覆盖着一个滤网。Labatut等人[32]通过计算流体动力学模拟对适用于商业用途的混合单元养殖池进行了研究,并将仿真数据与实验结果进行验证。他们模拟了颗粒物的路径和停留时间,并将实际测得的平均速度与模拟结果进行比较,发现两者总体上具有很好的一致性。混合单元养殖池提供了均匀的速度和水质、快速的固体去除及易于饲养和维护的优势。综上所述,薛博茹设计的矩形单侧圆弧角养殖舱和Watten提出的混合单元养殖池都通过优化水动力参数,改善了养殖池的流场条件和自清洁性能,从而提高了养殖效果和运营便捷性。这些研究为养殖池设计和养殖系统优化提供了有益的参考。

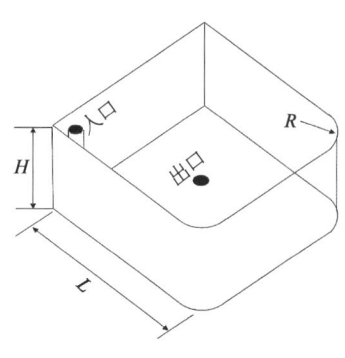

图1-10 矩形单侧圆弧角养殖舱

魏武的研究对池底坡度和底流分流比等参数进行了探讨,并总结了它们对养殖池内流速特性的影响,为圆形养殖池的优化设计提供了指导[29]。此外,具有底面坡度的养殖池设计能够促进固体颗粒物的排出和水体的混合,从而有效提高养殖池的自净化效能[41]。当养殖池内部压力降低时,固体颗粒物受到的作用力减小,颗粒物在池底的沉积浓度增加。同时,在相同的水流回转速度下,增加养殖池的底面坡度可以提高固体颗粒物的分离效率。进一步的研究表明,当底部坡度为12°时,养殖池的净水效能达到最高[42]。同时,张俊团队得出结论：具有较大切角距离和圆角半径的方形养殖池或形状趋于圆形的养殖池具有更好的水动力特性。然而，这种设计可能会导致空间利用率较低，因此在养殖池的构建中需要综合考虑这些因素[39]。此外，通过参考实验模型建立了数值模拟模型，对具有不同空间利用率的单通道循环水养殖系统的水力性能进行了研究，并与实验结果进行了比较，验证了仿真方法的有效性。研究发现，当养殖池的空间利用率为 95.3%～98.4% 时，养殖池的综合性能达到最佳[43]。相关研究还指出，在养殖池底流口上方增加圆形导流盘有助于形成集污漩涡，不仅可以提高颗粒物的去除效率，还能防止幼鱼进入排水管[44]。综上所述，这些研究为养殖池的结构设计和运行参数提供了指导。通过合理选择池底坡度和底流分流比等参数，使用导流盘并考虑养殖池的空间利用率，可以优化养殖池的水动力特性和自净化效能，提高养殖效率。

1.1.3　水循环驱动方式对水动力特性的影响

合理的进出口注入方式和适宜的水流速度可以改善水体的混合和均匀性。此外，养殖池内颗粒物的自净化能力也受到水体交换速度、喂养频率、氧气消耗等因素的影响。因此，循环水产养殖池内的注水装置常常需要量身定制，以提供有利的水力条件[45,46]。因此，对养殖池进出口结构进行深入研究是必要的。通过深入研究养殖池进出口结构的设计，可以优化水流动态和水质分布，提高养殖池的自净化能力和养殖效果[47]。进一步的研究可以探索不同进出口结构参数对养殖池水动力学和水质特性的影响，从而为养殖池的设计和运营提供更科学、高效的方法。

养殖池的进水结构主要分为单管和多管进水，水力驱动装置主要包括射流管和射流混合喷射器等。其中，射流管是不同养殖池内应用较广泛的水力驱动装置，其动力来源于水泵驱动。射流混合喷射器应用较少，其动力来源于自身的机械装置，在切向速度、均匀性、混合时间和集排污效率等方面表现出比射流管更好的效果。同时，射流角度也是影响水动力条件的重要因素。近年来，部分学者针对不同养殖池内进水结构对水动力特性的影响开展了一些研究。进水管的结构与布置方式对池内流场有显著影响，国内外研究者对此进行了广泛研究。Carvalho 等[41]分析了不同单排水和双排水养虾系统、不同进水口流量和底部排水管直径对养殖池水力特性、水流速度和固体冲洗的影响，提出通过利用三根垂直管道在不同深度注入水，可以在平均水体速度较低的情况下提高

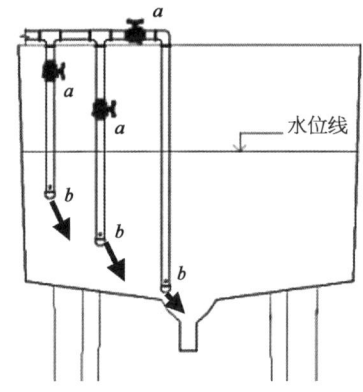

图 1-11 不同深度注水方式

固体冲洗速度,如图 1-11 所示。Venegas 等[48]对比了垂直进水管和文丘里管型喷射器的效果,如图 1-12 所示,结果表明喷射器功耗较大但更有利于产生适宜的水体混合和颗粒物排出的水力条件;此外,入射角度对水流的切向流速、水流的均匀性、混合时间和固体颗粒去除效率有较大影响。于林平的研究关注于单进水管结构入射模式下,不同射流孔数和进水管布设位置对矩形圆弧角养殖池的影响,并重点分析了排污口附近的流场特征。研究发现,随着射流孔数的增加,养殖池内的平均流速增加,养殖池系统的阻力系数降低。此外,相较于直壁单管布设位置,弧壁单管布设位置在养殖池底部的速度分布均匀性方面表现更优越[49]。张俊[50]团队的研究着眼于不同进水管数量对养殖池内流体动力学和自净化效能的影响,研究结果显示,随着进水管数量减少,养殖池中心的环状流域旋流速度增加,水流的均匀性、涡流强度和二次流强度增强。这种情况有利于提高方形圆角循环水养殖池的集污自净化效能。广东海洋大学的魏武[29]研究了单、双进水方式对圆形养殖池流场的影响,认为双进水方式产生的流场更均匀。浙江海洋大学的赵乐[51]、张学芬[52]、方帅[53]改变了射流角度、射流速度、射流管与池壁距离等条件,分析了养殖池的流场分布特性与养殖废物聚集特性,得到相应的最佳射流角度范围。任效忠团队[27,45,54,55]分析了不同射流孔数和进水管布设位置对养殖池内流场及颗粒物分布的影响,

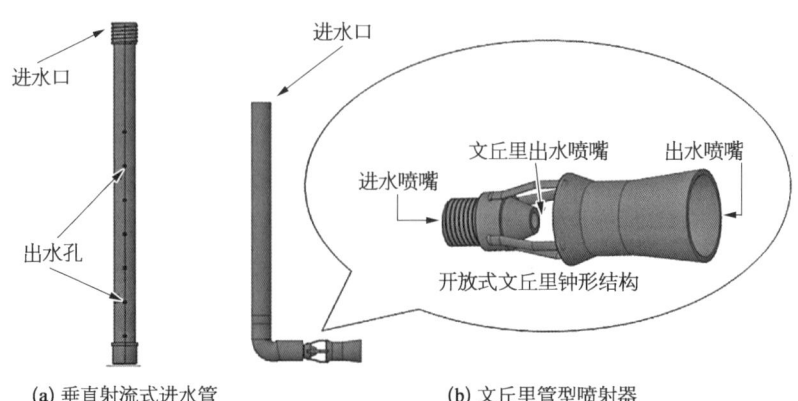

(a) 垂直射流式进水管 (b) 文丘里管型喷射器

图 1-12 文丘里管型喷射器[24]

结果表明将进水管布设于圆弧角位置有利于改善养殖池底部水动力特性。挪威的 Gorle 团队通过增加径向流入改进水口的入射角度[56]（图 1-13），并改变进水管布局和出水口结构[57]，改善了养殖池的混合能力和流动均匀性，其中，将进水管布置于切角处的结论与任效忠团队得到的结论相同。

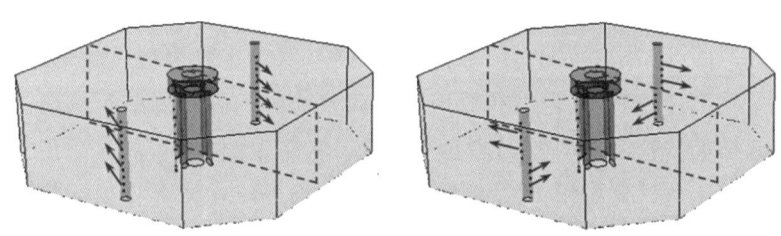

图 1-13 Gorle 等对射流方向的改进[56]

此外，还有一些研究者在实验设计方面进行了探索。例如，张学芬利用实验和粒子图像测速技术（PIV）测量了八边形养殖池的流场特性，并研究了单进水管和双进水管的布设距离以及入射角度对养殖池集污特性的影响[48]。朱放也利用 PIV 技术分析了进水管设置角度对圆形养殖池自清洗能力的影响[58-59]。胡佳军团队通过养殖池 PIV 试验系统研究了进水管位置、注水角度和流量速度等因素对集污水动力特性的影响机制[60]。Oca 团队采用粒子跟踪测速技术（PTV）评估了四种不同进水口配置的矩形养殖池内的流动状况。研究得出结论：将垂直进水方式调整为水平进水有利于减少低流速旋涡区，并且水平切向入口可以在水箱中实现更高、更均匀的速度[61]。Carvalho 等[41]分析了进水流速和底部排水管直径对养殖池水力特性、水流速度和固体冲洗的影响。他们提出利用三根垂直管道在不同深度注入水的方法，即使在平均水体速度较低的情况下，也能提高固体冲洗速度。这些研究结果为养殖池的进水结构设计和运行提供了有益的参考。

1.1.4 底流口集排污装置对水动力特性的影响

养殖池底排污和排水系统是循环水养殖中的关键部分。通过排污排水设备，能够有效排放养殖池中的固体废弃物和废水，为养殖对象提供更优质的水质条件，提高循环水养殖效率，同时实现养殖废水的资源和能源回收利用，减少养殖生产对环境的污染。双排水通道是常用的出水排污结构设计之一。在工厂化循环水产养殖系统中，双排水通道具有显著的优点，主要在于可以去除大部分悬浮固体。这些固体物质主要聚集在总流出水量的5%～20%的小水流中,从而减少了需要进一步处理的水量[62]。采用双排水通道结构不仅可以提高养殖池的自净化能力,还可以有效地将大部分可沉淀的固体颗粒物从养殖池底部中心排出。这种设计优化不仅降低了固体颗粒物对水质的影响,还减轻了后续自动过滤器的负荷,降低堵塞和反冲洗的风险,同时还减少了整个系统的运行能耗。因此,在当前的循环水养殖系统中,双排水通道被广泛采用作为一种常见的物理过滤技术,可以有效地分离养殖池内的废弃沉淀颗粒物,从而保持养殖水体的清洁和透明度。常见的循环水养殖系统构架模式是采用"双通道排水养殖池+旋转分离机+转鼓式微滤机"的物理模式来去除固体颗粒物,这被视为主流的循环水养殖系统构建模式[63]。

养殖池的水体交换率、溢流口与底流口的分流比、养殖池结构等因素都会影响池中颗粒废物的聚集与排出。其中,改变养殖池结构会影响水体的运动方向、速度大小与分布规律,从而改变颗粒物的运动;而增加水体交换率或降低溢流口与底流口的分流比可提高水体旋转速度,促进颗粒废物向底流口运动。

双通道排水结构主要包括Waterline式和Cornell式两种模式(图1-14)。Veerapen通过数值模拟研究了Waterline池和Cornell池的水动力学特性,并通过实验证实了数值计算方法的有效性。研究结果显示,Cornell池具有良好的混合性能,而Waterline池则具有良好的自净化特性[64]。此外,进一步研究证实,高密度养殖可以提高Cornell双通道结构养殖池的混合性能[65]。同时,研究人员采用数值模拟方法研究了Cornell型和Waterline型两种双通道圆形养殖池的水流状况。研究结果表明,Cornell养殖池底部存在涡旋效应,产生一定的吸引和拉扯力,因此在周边区域存在一定的径向流动。而Waterline养殖池除了池壁处外,水流速度相对均匀,没有明显的径向流动[66]。Cornell型双排水养殖池的水流速度分布不均匀,因此不适合用于虾类养殖,也不适合去除固体颗粒。而Waterline型双排水养殖池中较高的流入速率和较大的排水直径可以更有效地加速固体颗粒的冲洗[41]。此外,有学者研究了Cornell型双通道养殖池中的水动力特性,发现池内大部分固体颗粒物随着小流量的水体通过底部中央排水口排出,而剩余颗粒物随着大流量水体通过位于养殖池侧壁的高排水口排出。在这种出流条件下,养殖池内水体呈现出良好的混合特性。通过调节Cornell型双通道圆形养殖池中的水循环率,底部中心排水管的表面负荷以及进水口的大小、数量和角度,可实现有效的水体速度、相对均匀的水体混合和快速的固体冲洗速度。

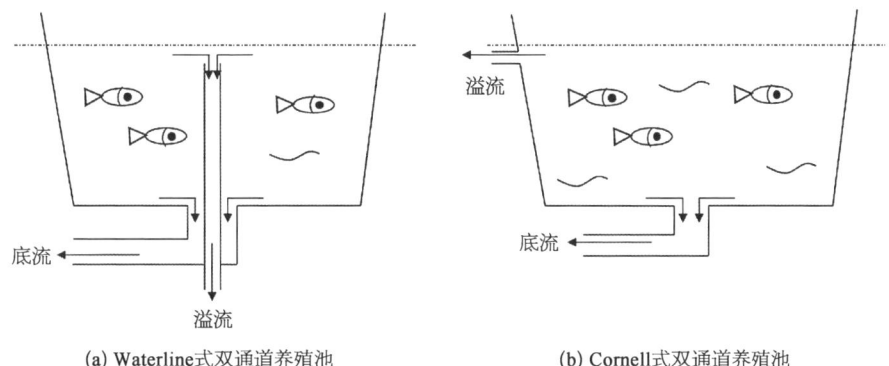

(a) Waterline式双通道养殖池　　　　(b) Cornell式双通道养殖池

图 1-14　两种典型的双通道养殖池

Gorle 团队对双排水系统的分流比进行了研究,研究结果表明增加底部中央排水可以促进涡流的形成,并提高养殖水体的流速[67]。这意味着合理设计双排水系统,可以改善养殖池的流场特性,从而优化水体流动状况。在通威东营对虾养殖基地中,采用斜置在养殖池中的吸污管抽吸虾壳等水体污染物;孙建明等[39]开发了一种去除水体悬浮物的间歇性增强回水装置,并将其应用于对虾循环水养殖。一些学者[42]提出在养殖池的底流口上方增加圆形导流盘,引导水流朝向中心排水管,有助于形成集污漩涡,增强污物集聚效应和去除效率。此外,在排水系统中还存在多种类型的集污装置,如碗式、圆盘式和转子式等,如图 1-15 所示。通过优化进水口和排水口的设计,可以改善养殖池内的流动均匀性,促进水体的均匀循环和混合,减少死水区的形成,提高水质的均一性和稳定性。这对于鱼类的生长、健康和养殖效果具有重要意义,同时也有助

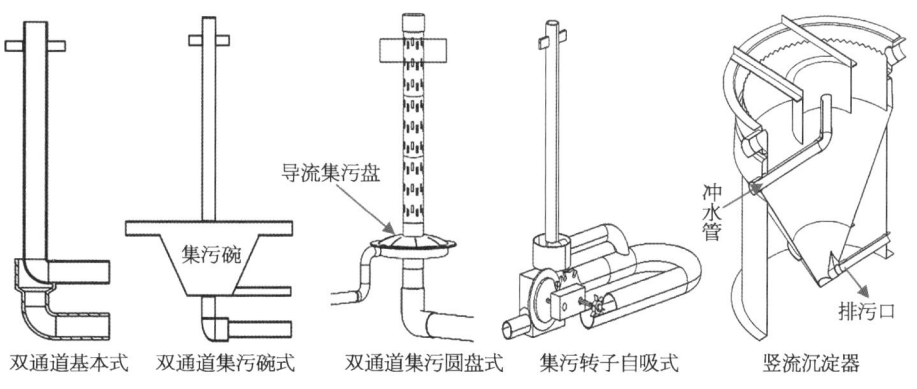

图 1-15　工厂化养殖池典型集污装置

于降低养殖池内悬浮颗粒物的积聚,提高自净化能力。综上所述,通过改善养殖池的混合能力和流动均匀性,可以有效优化水体环境,提高养殖效果,并为养殖业的可持续发展做出贡献。这些研究成果对于改进养殖池的设计和操作提供了有益的指导和参考。

1.1.5 养殖鱼类对水动力特性的影响

目前,在我国的循环水养殖研究中,主要关注点集中在现代化养殖设施的研发、循环水尾水处理技术的改进,以及提高关键处理设备的可靠性和精确性。然而,鱼类也会对养殖池内的水动力条件产生一定的影响。与仅有流场的养殖池系统相比,鱼类的加入会导致循环水养殖系统中的湍流变化、平均流速降低、水循环阻力增强及水体混合程度加快。此外,流速分布和溶解氧的分布也会发生变化。

部分学者基于鱼类对养殖池系统流场的影响开展了实验研究,研究主要集中在鱼类的规格和密度对循环水养殖系统流场的影响。

Masaló 等[66]研究了黑鲈游动对圆形养殖池平均流速及流速剖面的影响,分析了不同工况下有鱼、无鱼及不同规格的鱼对水流的影响。结果表明:由于鱼类游动引起的湍流增加了运动涡流黏度,养殖池中心排水口附近的流速降低,养殖池的阻力系数增加;在相同的放养密度(14.6 kg/m^3)下,小规格鱼(154 g)养殖系统的阻力系数略高于大规格鱼(330 g)。此外,鱼的游泳行为也是养殖池内水体湍流和非线性变化的主要来源。研究表明,养殖池内鱼的存在,会明显降低养殖池内的平均流速,增强水体混合;随着养殖密度的增加,循环水养殖系统的平均流速显著降低,流速分布和溶解氧分布也随之改变[68-69]。与实验观测相比,数值模拟方法提供了丰富的流动细节,更加适合研究鱼类对水动力的影响。

Tang 等[70]通过计算流体力学模型发现,静水中鱼的圆周运动会使网箱中心产生低压区,并沿网箱中心线产生强烈的垂直流动,且单鱼的规格对整个流场影响较小,当达到一定的鱼群密度时,流场变化显著。

而 Xu 等[71]研究显示,单鱼和鱼群均能引起射流鱼泵内壁面的静压峰值,并且这个峰值的振幅由鱼和内部流的速度差决定;单鱼对主流和混合流的流量影响并不显著,然而,当鱼群通过鱼泵时,混合流的流量明显减小,且鱼的运动会对压力分布、轴向速度及径向速度产生影响。

根据 Plew 等的实验测量结果,在圆形养殖池中,低密度的三文鱼养殖会导致平均流速下降约 15%,而高密度养殖则会使平均流速下降 57%。然而,当养殖池中存在鱼类时,水体的湍流运动能量、湍流强度和湍流耗散率均高于没有鱼类的情况,这在一定程度上促进了溶解氧的混合[72]。

此外,Gorle 的实验研究也发现,随着鱼类数量的增加,养殖池内的平均流速会下降约 25%[68]。

Duarte 进行了矩形和圆形养殖池中水动力特性对鱼类分布的影响研究,并定义了鱼类分布均匀系数以评估鱼类在养殖池中的分布均匀性。在矩形养殖池中,鱼类分布不均匀,而在圆形养殖池中,水流速度从中心到池壁逐渐增加,并与鱼类密度呈相关性[24]。

刘稳等研究了水动力特性对鱼类生长的影响,通过对水槽内的流场进行三维数值模拟,并将模拟结果与实验数据进行比较,证明了模拟结果的准确性,并得出鲫鱼生长与水动力学特性之间的定量关系[73]。

另外,柳瑶等利用数值模型模拟了八边形养殖池内的水体循环,并利用离散相模型(DPM)获得颗粒物的轨迹,模拟了颗粒物的去除速率。她们将模拟结果与实验数据进行比较,发现误差范围在 8%~11%[74]。

1.1.6 养殖池自净化效能的评价指标

考虑到不同种类养殖生物适宜的水动力环境不同,以及不同的研究目的和研究方法,国内外学者采用的水动力学评估指标存在很大差异。例如,养殖池水体的流速及其分布对养殖生物的生长效率和水质混合效能有较大影响,而且流速数据易于获取和验证,因此成为应用最广泛的水动力学指标[26,32,42,48,67,68]。

流动均匀性指数可以作为衡量养殖池性能的水动力学指标,以及评估养殖生物生存条件的水文参数。在循环水养殖系统中,养殖池的水流均匀性指数越高,流动均匀性越好,这对养殖生物的生长更为有利[75]。Stockton[33]指出,更高的平均流速和更加均匀的速度分布有助于提高养殖池的净化速率。此外,提高流动均匀性是减少大直径颗粒物破碎的有效方法之一[56]。因此,文献[44,45,56,67]利用流动均匀性指数评估养殖池水环境的适宜性。

养殖池对射流的能量利用效率也是值得考虑的因素。能量利用效率对于构建节约型循环水养殖系统、提高生产效益具有重大意义。Oca 团队[26]提出了养殖池阻力系数来评估养殖池对能量的利用效率,该系数在文献[27,48,49,

53,76]中也有应用。

固体废物的去除效率是许多学者重点关注的指标。由于在循环水养殖系统中较大的养殖密度和投喂量,养殖水体中容易积累大量残饵和排泄物。如果不及时排出,这些养殖废物在水体中被氧化分解,消耗水中的溶解氧,并产生氨氮和亚硝酸盐,导致水质恶化,危害养殖生物的健康。因此,及时有效地去除养殖池中颗粒废物是循环水养殖系统领域需要解决的首要问题。文献[12,32,41,48,51,52,53]通过测量固体颗粒物的停留时间和去除效率来评估养殖池的性能。

此外,Gorle 等[56]指出,较大养殖池的设计应评估三维流动效果、速度和压力梯度及涡流动力学。良好的流场状态不仅包括足够的旋转速度,还包括主旋转流和二次流的适当混合,以确保所需的水质。

综上所述,循环水养殖池的评估涉及关键的水动力指标,包括流速分布、涡流强度、水阻系数、水体交换率、水流均匀性指数、能量利用率、空间利用率、颗粒聚集效应和排水率等。这些评估指标为分析和研究养殖池流场特性提供了参考依据。同时,这些水动力特性也受到养殖物种、密度和具体要求的影响。本质上,要优化循环水养殖池设计,必须对不同方面进行综合评估,包括结构参数、水循环机制、排水系统和水动力指标的审查。复杂性来自这些因素之间的相互作用,以及物种及其规格对水力特性的影响[77-78]。

1.2　养殖池水动力特性的研究方法

1.2.1　数值模拟法

为研究养殖池的结构对循环水养殖池水动力特性的影响,选择合适的研究方法至关重要。随着计算机技术的不断发展,计算流体力学(Computational Fluid Dynamics,CFD)方法已被广泛应用于养殖池流场特性的研究中。此外,随着流体仿真软件的不断发展,利用数值计算法进行水动力特性的研究变得更加简单和便捷。通过流体仿真软件研究循环水养殖池的水动力特性,结合流体力学理论,得到数值计算结果,并结合实际情况进行分析,获得养殖池水动力特性的相关信息。该方法操作简单,广泛应用于各种流体仿真研究中。本书也将利用数值模拟计算方法对循环水养殖池的水动力特性进行研究。

相比于试验研究,数值模拟不仅可以方便地改变养殖池的结构参数以进行优化设计,还能获取更加丰富的养殖池流场信息。本书引用的大部分文献都采用了数值模拟与试验相结合的方法开展研究。

在验证 CFD 方法的有效性方面,Rasmussen[79]对各种水产养殖池的水力性能进行了广泛评估。该评估包括 CFD 数值模拟和实验比较,并为最佳水动力条件提出了宝贵建议。这些条件包括足够的旋转速度、适当的水混合、水流均匀性以及保持合适的水质标准。

同时,Veerapen[64]对康奈尔水槽和水线水槽获得的实验数据进行了细致分析,进一步证实了 CFD 方法的有效性。此外,人们对取水系统的结构和运行条件也给予了极大关注。

刘稳等[73]将模拟结果与试验结果进行对比,得到了适宜鲫鱼生长的水速,并发现鲫鱼生长与水流速度梯度之间的负相关性;Liu[74]利用颗粒轨道模型研究了八边形养殖池的自净化效能。

史明明等[80]对两种养殖系统的气液固三相流动特性进行了数值模拟,分析了两种养殖池的液相速度云图、液相流线图及固相分布特性。史明明等运用 CFD 技术对循环养殖池与原位养殖池两种生物絮团系统进行了数值计算,并分析了它们的液相速度分布、流线分布及固相分布特性。研究结果显示,循环养殖池相对于原位养殖池具有较少的流场死区,改善了流动条件。

此外,汪翔等研究人员利用 CFD 中的离散相模型(DPM),通过数值模拟的方法,评估了池塘工程化跑道式循环水养殖系统设计对固相颗粒物沉积的影响。他们通过模拟养殖区域的流场分布和集污区的固相颗粒沉降特征,进行了相关分析[12]。

刘刚团队则利用 CFD 技术对养殖池的气—液—固三相流进行模拟,分析了不同气泡尺寸和水体循环时间对水流均匀性的影响[78]。

Klebert 等研究人员针对固体颗粒物的去除效果与颗粒物直径之间的关系展开了研究工作。他们选择了圆形养殖水池作为研究对象,并通过应用声学多普勒测速技术对水池内的三维流场分布特征进行了精确测量。结果显示,在两个水力停留时间内,直径在 0.1~3 mm 范围的颗粒物逃逸率达到 100%,其中较小直径的颗粒物从上方溢流口排出,较大直径的颗粒物主要从底流口排出[82]。通过选择适当的进径比,可以使养殖池底部的流体质点呈现规律的高速运动,从而促进明显的二次流效应。这种流动模式对固体颗粒物的沉降和向池底中心的聚集具有积极影响[76]。

在试验研究方面,Duarte 等[24]实验表明,圆形养殖池中鱼类的分布比矩形养殖池中更加均匀;Carvalho[41]通过实验研究证明底部排水口增大和入口流量增大有利于固体颗粒物的排出;张学芬等[52]通过实验研究了最佳射流角度与进水管位置;Terjesen 等[84]通过测量总氮去除率来评估养殖池性能;李华等[85]研究了石斑鱼养殖过程中生物膜反应器对氨氮、亚硝酸盐氮的去除率及石斑鱼成活率,证明了间歇式双循环工厂化养殖系统的稳定性。然而,试验研究方法的成本高、周期长等缺点也是无法忽视的。

1.2.2 物理模型试验

物理模型试验法基于物理模型试验建立试验系统,并使用流速测量仪器等设备跟踪记录流场分布的变化情况。流速分布是流体运动的主要特性之一,流速测量是养殖池水动力研究中的核心内容,因此测速技术的发展至关重要。

目前,随着计算机、激光、超声和图像处理等先进技术的不断进步,流速测量技术实现了从单点到多点、从单向到多向、从稳态到瞬态的飞跃,并已能够进行水流瞬时全场测量[86]。同时,流速测量仪器从毕托管、热线热膜风速仪、转子式流速仪、电磁流速仪等接触式测量发展到声学多普勒仪和粒子流速仪等非接触式测量。其中,声学多普勒仪包括声学多普勒电流剖面仪(Acoustic Doppler Current Profiler,ADCP)、多普勒超声仪(Acoustic Doppler Velocimetry,ADV)和激光多普勒测速仪(Laser Doppler Velocimetry,LDV),如图 1-16 所示。粒子流速仪包括粒子图像流速仪(Particle Image Velocimetry,PIV),如图 1-17 所示,以及粒子追踪流速仪(Particle Tracking Velocimetry,PTV[87])。

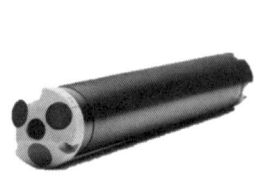
(a) 声学多普勒电流剖面仪
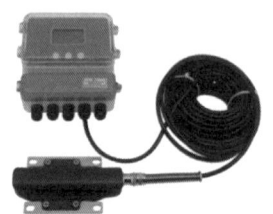
(b) 多普勒超声仪

(c) 激光多普勒测速仪

图 1-16 多普勒测速仪

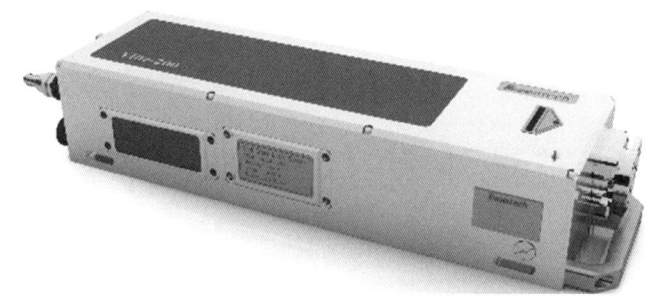

图1-17 粒子图像流速仪

在循环水养殖系统的水动力研究中,ADV和PIV的应用较为广泛。ADV基于声学多普勒效应原理,通过相干声学脉冲的频移或相移来计算三个接收探头方向的速度,进而转换为正交坐标系中的流速。它主要用于记录相对高频率的单点瞬时速度分量[88]。ADV以操作简单、精度高、无须校准、可用于三维速度测量等优点,成为物理模型试验流场测量中常用的手段。然而,ADV也存在一定的局限性。由于采样点与发射及接收探头之间存在一定的距离,因此,距离水面相对较近的位置无法获取测量数据。此外,仪器本身也有缺陷,导致流速信号中存在噪声,影响数据的精确性。此外,ADV在清澈的水流中难以准确测量,需要添加一定浓度的悬浮颗粒以反射超声波信号,提高测量精度[89]。有学者采用ADV对曝气池内的流场特性进行了实验研究,分析了流场分布情况及湍动强度[90]。相比于ADV等传统的流速测量技术,PIV是一种非接触式瞬时全流场测量技术,它突破了单点测量的局限,实现了全流场瞬态测量和无干扰测量[91-92]。PIV能够更好地评估加入挡板后漩涡分离池内的流速分布,从而改善流动条件[93]。也有学者同时采用PIV和ADV测量了与池式鱼道底部和侧壁平行的平面上多个位置的水流速度和湍动能,并分析了两种方法的差异。结果表明,两种方法监测的数据具有良好的吻合性[94]。

养殖池内的水动力是循环水养殖池系统中固体颗粒物集排污的直接驱动力,对固体颗粒物的排出及分布有显著影响。通过分析固体颗粒物的聚集分布特征,可以反映出池内流场分布特性。由高分辨率相机、电脑和控制软件组成的图像采集系统被广泛应用于采集养殖池内污染物的聚集分布图像,并通过图像处理方法对采集到的图像进行预处理、增强、分割、二值化和轮廓提取等相关处理步骤,进而采用处理后的图像分析污染物的聚集分布特征[95]。污染物的聚集分布特征也间接地反映出池内的水动力特性。

第 2 章
循环水养殖池水动力学数值计算理论

本章介绍本书中所使用的研究方法及数值计算理论与方法。其中包括网格划分与模型、CFD 理论与 SIMPLE 等求解方法、计算方法有效性检验、有限体积法的离散格式、单相流的基本方程和湍流模型、多相流模型、离散格式、网格划分与网格独立性的检验,以及边界条件的计算和计算结果有效性验证等。在后续章节的计算模拟分析中,将使用本章所介绍的理论和方法。此外,本章还将介绍一些常用的 CFD 数值计算软件,用于进行模拟和分析。图 2-1 详细讨论了研究的处理流程,包括建立模型、划分网格、前处理设置、求解器设置、后处理查看结果等。

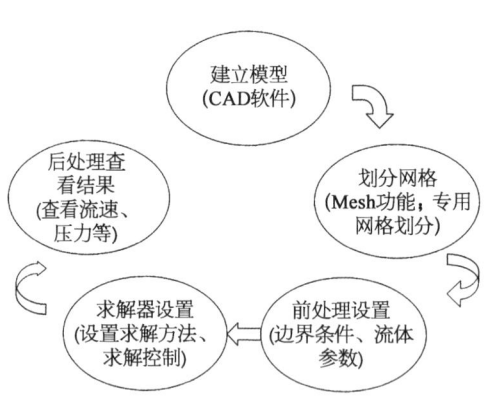

图 2-1　水动力学数值研究方法流程

2.1　单相流模型

2.1.1　控制方程

在求解流体力学相关问题时,流体力学的基本控制方程是解决问题的基础。这些方程涵盖了质量、动量和能量守恒定律,是研究养殖池水力特性的关键。在假定流体为不可压缩且流动连续的情况下,液体在养殖池中的行为遵循三条主要方程：质量守恒方程（也称为连续性方程）、动量守恒方程（Navier-Stokes方程，也称为N-S方程）和能量守恒方程。这三个方程是描述流体流动特性的基石。研究流体的相关性质时，就是利用这三个守恒方程，结合流体的相关特性建立守恒方程组，并使用数值方法进行求解，以得到流体的速度、加速度、湍流、能量等性质。

流体运动的研究可以分为基于粒子的拉格朗日法和基于网格的欧拉法。拉格朗日法，又称随体法，是跟随流体质点的运动，记录质点在运动过程中物理量随时间的变化规律；欧拉法，又称流场法，是以流体质点流经流场中各空间点的运动为描述对象的方法。由于流体质点数量庞大，通常采用欧拉法来描述流体运动。通过欧拉法可推导出流体的基本方程。

连续性方程（质量守恒方程）：这一方程表达了流体中质量守恒的原理。它指出，在一个封闭系统内，质量不会凭空消失或产生。对于养殖池中的液相，这个方程表明流体在空间中的流动和密度分布需要满足一定的条件，以保持质量守恒。

$$\frac{\partial u}{\partial x}+\frac{\partial v}{\partial y}+\frac{\partial w}{\partial z}=0 \quad (2-1)$$

N-S方程：该方程是描述流体中动量守恒原理的数学表达式。它考虑了流体的密度、速度和黏性等因素，以描述流体在受力作用下的运动。在养殖池的背景下，N-S方程是研究水体流动、涡流形成及其他关键水动力学现象的基础。

$$\begin{cases}\frac{\partial u}{\partial t}+\left(u\frac{\partial u}{\partial x}+v\frac{\partial u}{\partial y}+w\frac{\partial u}{\partial z}\right)=F_x+\frac{\mu}{\rho}\left(\frac{\partial^2 u}{\partial x^2}+\frac{\partial^2 u}{\partial y^2}+\frac{\partial^2 u}{\partial z^2}\right)\\ \frac{\partial v}{\partial t}+\left(u\frac{\partial v}{\partial x}+v\frac{\partial v}{\partial y}+w\frac{\partial v}{\partial z}\right)=F_y+\frac{\mu}{\rho}\left(\frac{\partial^2 v}{\partial x^2}+\frac{\partial^2 v}{\partial y^2}+\frac{\partial^2 v}{\partial z^2}\right)\\ \frac{\partial w}{\partial t}+\left(u\frac{\partial w}{\partial x}+v\frac{\partial w}{\partial y}+w\frac{\partial w}{\partial z}\right)=F_z+\frac{\mu}{\rho}\left(\frac{\partial^2 w}{\partial x^2}+\frac{\partial^2 w}{\partial y^2}+\frac{\partial^2 w}{\partial z^2}\right)\end{cases}$$

$$(2-2)$$

将养殖池内部的液相和气相视为具有不可压缩性和连续性的混合流体相，其三维时变不可压缩N-S方程如下：

$$\frac{\partial Q}{\partial t}+\frac{\partial E}{\partial x}+\frac{\partial F}{\partial y}+\frac{\partial G}{\partial z}=\frac{\partial E_v}{\partial x}+\frac{\partial F_v}{\partial y}+\frac{\partial G_v}{\partial z}+S \quad (2-3)$$

式中，$Q=(\rho, \rho u, \rho v, \rho w, \rho e)^{-1}$；$\rho$ 为连续相密度；t 为时间；u、v、w 分别为速度 V 在三个坐标方向上的分量；e 为流体单位体积总能量；F、G、E 为惯性力通量；F_v、G_v、E_v 为黏性力通量，源项 S 的计算式如下：

$$S = \begin{cases} \rho_p a_x + \dfrac{1}{\forall} \sum N_p \dfrac{F_p}{|u-u_p|}(u-u_p) \\ \rho_p a_y + \dfrac{1}{\forall} \sum N_p \dfrac{F_p}{|v-v_p|}(v-v_p) \\ \rho_p a_z + \dfrac{1}{\forall} \sum N_p \dfrac{F_p}{|w-w_p|}(w-w_p) \end{cases} \quad (2-4)$$

式中，ρ_p 为颗粒物的密度；a_x、a_y、a_z 分别为 x、y 和 z 方向上的加速度分量；F_p 为颗粒物受到的拖曳力；N_p 代表单个计算粒子所代表的物理粒子数；$\forall$ 为网格体积；下标"p"表示离散相。

能量守恒方程：能量守恒方程描述了流体内能量的变化，包括内能、动能和势能的转换，以及通过传导、对流和辐射等方式与流体交换的能量。对于不可压缩且热传导率为常数的流体，能量守恒方程可以简化为

$$\rho c_p \left(\frac{\partial T}{\partial t} + u \nabla T \right) = k \nabla^2 T + \Phi \quad (2-5)$$

式中，T 为温度；c_p 为定压比热容；k 为热传导率；Φ 为单位体积的黏性耗散函数，代表由于黏性效应产生的热量。对于流体流动，特别是当考虑黏性耗散时，Φ 的一个常见表达式涉及流体的剪切应力和应变率。具体地，由黏性耗散产生的热量 Φ 可以表示为

$$\begin{aligned}\Phi = {} & 2\mu \left[\left(\frac{\partial u}{\partial x}\right)^2 + \left(\frac{\partial v}{\partial y}\right)^2 + \left(\frac{\partial w}{\partial z}\right)^2 \right] \\ & + \mu \left[\left(\frac{\partial u}{\partial y} + \frac{\partial v}{\partial x}\right)^2 + \left(\frac{\partial u}{\partial z} + \frac{\partial w}{\partial x}\right)^2 + \left(\frac{\partial v}{\partial z} + \frac{\partial w}{\partial y}\right)^2 \right]\end{aligned} \quad (2-6)$$

式中，u、v、w 分别为流体在 x、y、z 方向上的速度分量；μ 为流体的动态黏性系数；x、y、z 为笛卡尔坐标系的三个方向。

这个表达式基本上反映了流体流动中不同方向速度梯度的平方和，乘以动态黏性系数。这表示了由于流体内部的摩擦（或剪切）作用而转化为热能的部分，它是流体动力学中的一个重要现象。

2.1.2 湍流模型

在利用数值方法对养殖池中流体运动进行求解时,湍流对养殖池的水动力特性有一定影响。然而,在进行数值计算时,仅依靠上述三个守恒方程还不足以求解湍流在流体中的具体情况。因此,需要结合湍流模型与守恒方程进行求解,以得到湍流对养殖池的影响。

1) 湍流模型的选取

湍流模型的主要作用是将新未知量与平均速度梯度联系起来。目前,工程应用中湍流的数值模拟主要分为三大类:直接数值模拟(Direct Numerical Simulation,DNS)、大涡模拟(Large-Eddy Simulation,LES)和基于雷诺平均N-S方程组(RANS)的模型。

理论上质量守恒方程和N-S方程组是封闭的。但在描述湍流运动时,直接采用直接数值模拟(Direct N-S,DNS)需要巨大的计算资源。因此,采用RANS的方法对湍流脉动项进行时间平均处理,简化对时间脉动的处理[96]。然而,RANS方法额外引入了非线性项,导致N-S方程组不再封闭。为使其封闭,需要引入湍流模型。为了使控制方程封闭,若引入多少个附加的湍流量(如湍动能k、耗散率ε、比耗散率ω之类物理量),就要同时求解多少个附加的微分方程。根据求解的附加微分方程的数目,一般可将涡黏性封闭模型划分为四类,分别是零方程模型、半方程模型、一方程模型和两方程模型[97]。

零方程模型主要有 BL 模式,半方程模型主要有 JK 模式,一方程模型主要有 BB 模式和 SA 模式,而应用较广泛的两方程模型则有标准k-ε两方程模型、RNG k-ε两方程模型、可实现的k-ε两方程模型、低雷诺数k-ε模型、k-ω两方程模型、SST 两方程模型及双尺度两方程模型等[98]。

在计算流体动力学中,应用最广泛的湍流模型是两方程的k-ε模型。该模型包括三种形式:标准k-ε模型、可实现的k-ε模型和RNG k-ε模型。以下是对这三个模型更详细的阐述:

(1) 标准k-ε模型:在模拟复杂流动时,如具有较大曲率和旋涡等特征的情况,标准k-ε模型的效果可能不尽如人意。这个模型通常在处理相对简单的流动问题时表现良好,但在需要更高精度的复杂流动模拟中可能存在局限性。

(2) 可实现的k-ε模型:与RNG k-ε模型相比,可实现的k-ε模型在模拟复杂流动时表现更佳。它在处理射流撞击、二次流、旋涡等复杂流动现象时尤为出色。该模型的"可实现"特性意味着它更接近实际湍流行为,因此在更广泛的应用中受到欢迎。

(3) RNG k-ε 模型:RNG k-ε 模型在处理复杂流动问题时同样表现优异。它适用于模拟旋涡、湍流射流等情况,通常具有更高的准确性和可靠性。RNG 代表"Reynolds-stress-transport(RNG)"模型,该模型采用一种不同的近似方法来计算湍流应力,从而提高了模型的性能。

在实际问题求解过程中,选择何种模型需要根据具体问题的特点来决定。选择的一般原则是精度高、应用简单、节省计算时间,同时也要具有通用性[99]。在 Fluent 中提供的多种湍流模型中,就解决旋流问题而言,RNG k-ε 模型和可实现的 k-ε 模型最为有效。

2) RNG k-ε 湍流模型方程为

$$\begin{cases} \rho \dfrac{\partial (k)}{\partial t} + \rho \dfrac{\partial (k u_i)}{\partial x_i} = \dfrac{\partial}{\partial x_j}\left[\left(\mu + \dfrac{\mu_t}{\sigma_k}\right)\dfrac{\partial k}{\partial x_j}\right] + G_k + G_b - \rho\varepsilon - Y_m + S_k \\ \rho \dfrac{\partial (\varepsilon)}{\partial t} + \rho \dfrac{\partial (\varepsilon u_i)}{\partial x_i} = \dfrac{\partial}{\partial x_j}\left[\left(\mu + \dfrac{\mu_t}{\sigma_\varepsilon}\right)\dfrac{\partial \varepsilon}{\partial x_j}\right] + C_1 \dfrac{\varepsilon}{k}(G_k + C_\mu G_b) - C_2 \rho \dfrac{\varepsilon^2}{k} + S_\varepsilon \end{cases}$$

$$(2-7)$$

其中:

$$G_k = \mu_t \left(\dfrac{\partial u_i}{\partial x_j} + \dfrac{\partial u_j}{\partial x_i}\right)\dfrac{\partial u_i}{\partial x_j} \tag{2-8}$$

$$\mu_t = \rho C_\mu \dfrac{k^2}{\varepsilon} \tag{2-9}$$

式中:k 为湍流动能;ε 为湍流耗散率;u_i、u_j 为速度分量;x_i、x_j 为坐标分量;S_k、S_ε 为根据实际情况选择的自定义源项;$\sigma_k = 1.0$、$\sigma_\varepsilon = 1.2$;G_b 为由浮力产生的湍流动能(J);Y_m 为可压缩湍流中波动膨胀对总耗散率的贡献;G_k 为平均速度梯度引起的湍流动能生成项;μ_t 为湍动黏性系数;C_1、C_2、C_μ 为经验系数,$C_1 = 1.42$、$C_2 = 1.68$、$C_\mu = 0.0845$。

3) 可实现的 k-ε 湍流模型方程为

$$\rho \dfrac{\partial}{\partial x_i}(k v_i) = \dfrac{\partial}{\partial x_i}\left[\left(\mu + \dfrac{\mu_t}{\sigma_k}\right)\dfrac{\partial k}{\partial x_i}\right] + G_k + G_b - p\varepsilon + S_k \tag{2-10}$$

$$\rho \frac{\partial}{\partial x_i}(\varepsilon v_i) = \frac{\partial}{\partial x_i}\left[\left(\mu + \frac{\mu_t}{\sigma_\varepsilon}\right)\frac{\partial \varepsilon}{\partial x_i}\right] + \rho C_1 S_\varepsilon - \frac{\rho C_2 \varepsilon^2}{k + \sqrt{v\varepsilon}} + C_{1\varepsilon}\frac{\varepsilon}{k}C_3 G_b + S_\varepsilon$$

$$(2-11)$$

其中，$C_1 = \max\left[0.43, \frac{\eta}{\eta + 5}\right]$，$\eta = \frac{k\sqrt{2S_{ij}S_{ij}}}{\varepsilon}$，而 $S_{ij} = \frac{1}{2}\left(\frac{\partial v_j}{\partial x_i} + \frac{\partial v_i}{\partial x_j}\right)$，经验系数 $C_{1\varepsilon} = 1.44$、$C_{2\varepsilon} = 1.92$、$C_{3\varepsilon} = 0.09$。与 RNG k-ε 模型不同的是式(2-11)中 $C_2 = 1.9$，μ_t 也由式(2-9)求得，但 C_μ 不为常数，而由下式得到：

$$C_\mu = \frac{\varepsilon}{4.04\varepsilon + \sqrt{6}k\cos\theta\sqrt{S_{ij}S_{ij} + \widetilde{\Omega}_{ij}\widetilde{\Omega}_{ij}}}$$

$$(2-12)$$

其中，$\widetilde{\Omega}_{ij} = \overline{\Omega}_{ij} - 3\varepsilon_{ijk}\omega_k$，$\overline{\Omega}_{ij}$ 为平均旋转率张量，与应变率、角速度、湍流动能和湍流耗散率有关。

2.2 多相流模型

在养殖池中，养殖废弃物通常被视作固体颗粒。为了精确模拟这些废物在水体中的行为，需要利用多相流模型。这类模型主要围绕两个核心概念：主相（即连续流体）和次相（即颗粒状物质）。欧拉-欧拉方法和欧拉-拉格朗日方法是求解多相流动常用的两种方法。欧拉-欧拉法是以空间为参照，对连续相流体进行求解 N-S 方程，主要用于解决连续相流动问题，同时也能解决离散相流动问题[100]。欧拉-欧拉法多相流模型包括 VOF 模型、混合模型(Mixture 模型)和欧拉模型(Eulerian 模型)。欧拉-拉格朗日法，即离散相模型(Discrete Phase Model, DPM)，是以单个粒子为参照，对离散相进行跟踪求解，主要用于解决离散相流动问题。

求解多相流问题首先需要合理选用各种模型中最符合研究问题实际流动的模型。在此基础上，根据上述四个模型的特点可以列出选择模型的六条准则如下：

(1) 若是分层流、活塞流和自由表面流动情况，采用 VOF 模型。

(2) 若是气动运输，且为均匀流，可用混合模型。

(3) 若是气动运输，且是粒子流及沉降情况，需用欧拉模型。

(4) 若是水力运输甚至是泥浆流,可采用混合模型或欧拉模型。

(5) 若是离散相混合物情况或离散相体积占有率超过10%的液滴、气泡等粒子负载流动情况,可采用混合模型或欧拉模型。

(6) 若是体积分数小于10%的液滴等粒子的负载流动,必须用DPM模型。

实际上,在大量的工程实际中,遇到的流动问题远非以上所述那样简单且能一一对应,更多时候是包含多种多相流运动状态。这时就需要根据所研究的物理量或流体特性进行有针对性的选择。需要注意的是,此时的计算精度低于求解仅包含一种流动模式的[101]情况。

1) VOF模型

VOF模型是一种应用于固定欧拉网格上的界面追踪技术。通常可以利用该模型得到互不相容流体间的界面。在该模型中,一套动量方程用于每相流体,在整个计算域内追踪每相所占的体积分数。VOF模型可以求得任意液-气分界面的稳态或瞬态界面,尤其是在空气和水的混合流动中,使用VOF模型是最好的方法。例如,在分离液相和气相的移动界面的不可压缩流体中,VOF模型可以实现体积/质量守恒和界面捕获。在对流计算中,VOF解决体积分数的计算[102]。此外,VOF模型采用体积分数函数来表示自由面的位置和流体所占的体积,这在计算机运行时,占用内存较少,有利于快速计算。

在求解气液两相流动问题时,主要采用VOF模型。VOF模型通过引入各个时刻各相流体在网格单元中所占的体积分数 α 来构造和追踪自由面[103]。面的重构通过求解以下形式的连续性方程实现:

$$\frac{\partial \alpha_g}{\partial t} + u_i \frac{\partial \alpha_g}{\partial x_i} = 0 \qquad (2-13)$$

在VOF模型中,每个计算单元中的所有相的体积分数之和等于1。假设单元中液体的体积分数为 α_g,则空气的体积分数为 $1-\alpha_g$,其中 α_g 在计算单元中会出现以下三种可能[97]:① $\alpha_g=0$,表示该单元中充满的是空气;② $0<\alpha_g<1$,表示该单元中既有空气又有水;③ $\alpha_g=1$,表示该自由面单元中充满的是水。

在求解固液两相流动问题的过程中,对连续相流体采用欧拉框架进行求解,而对离散相则采用拉格朗日框架进行求解。离散相模型也称为颗粒轨道模

型,其颗粒轨道模型为

$$\begin{cases} m_i \dfrac{\partial v_i}{\partial t} = \sum_{j=1}^{k_i} (f_{n,ij} + f_{t,ij}) + f_{fp,i} + m_i g \\ I_i \dfrac{\partial \omega_i}{\partial t} = \sum_{j=1}^{k_i} (M_{t,ij} + M_{r,ij}) \end{cases} \quad (2-14)$$

式中,m_i 为颗粒质量;v_i 和 ω_i 分别为颗粒平移速度和角速度;k_i 为与粒子 i 相互作用的颗粒数;$f_{n,ij}$ 和 $f_{t,ij}$ 分别为颗粒 i 和颗粒 j 之间的法向和切向接触力;$f_{fp,i}$ 为颗粒与流体之间的相互作用力;I_i 为转动惯量;$M_{t,ij}$ 和 $M_{r,ij}$ 分别为作用在颗粒 i 和颗粒 j 上的切向和滚动摩擦力。

2) 欧拉模型

欧拉模型是两相或多相流中非常复杂的模型,又称为流体模型。在模拟中,液体、气体和固体可以随意组合,并相互作用,其中连续相与分散相被视为一个整体,这是其关键点。另外,欧拉模型对每相使用欧拉方法进行描述,然后列出动量方程和连续性方程,通过耦合压力和相间交换系数进行计算。欧拉模型通常应用于流化床和悬浮颗粒等场景[104-105]。欧拉模型中第 q 相的连续性方程为

$$\dfrac{\partial}{\partial t}(\alpha_q \rho_q) + \nabla \cdot (\alpha_q \rho_q v_q) = \sum_{p=1}^{n} (\dot{m}_{pq} - \dot{m}_{qp}) + S_q \quad (2-15)$$

式中,v_q 为 q 相的速度;$\dot{m}_{pq}$ 为第 p 相到第 q 相的质量输送;$\dot{m}_{qp}$ 为第 q 相到第 p 相的质量输送;S_q 通常为原相,默认为 0。

第 q 相的动量守恒方程为

$$\dfrac{\partial}{\partial t}(\alpha_q \rho_q v_q) + \nabla \cdot (\alpha_q \rho_q v_q) = -\alpha_q \nabla p + \nabla \cdot \overline{\overline{\tau}}_q + \sum_{p=1}^{n} (\overrightarrow{R_{pq}} - \dot{m}_{qp} v_{pq}) \\ + \alpha_q \rho_q (\overrightarrow{F_q} + \overrightarrow{F_{liff,q}} + \overrightarrow{F_{vm,q}}) \quad (2-16)$$

式中,$\overline{\overline{\tau}}_q$ 为第 q 相的压力应变;$\overrightarrow{F_q}$ 为外部体积力;$\overrightarrow{F_{liff,q}}$ 为升力;$\overrightarrow{F_{vm,q}}$ 为虚拟质量力;$\overrightarrow{R_{pq}}$ 为相之间的相互作用力;v_{pq} 为相之间的速度。

3) 混合模型

混合模型是一种简化的多相流模型,其中的相可以是流体或颗粒,并被互相穿插的连续介质。该模型用于数值模拟相间速度存在差异的多相流,但在短

距离计算时,必须假设部分相间耦合很强。同时,该模型也适用于模拟各向同性的强耦合相流和以相对运动为特征的多相流。在空泡流模拟中,VOF 和混合多相流模型采用了简化的混合模型,通过单一流体-空泡流体来模拟忽略重力和考虑重力时各相不同速度的多相流[106]。另外,混合模型非常适用于含气泡的流体。在基于不同多相流模型的气浮接触区流动的模拟研究中,混合多相流模型用于典型气浮接触区流动的动态模拟,研究气泡在混合区中的均匀性、接触和浓度变化[107]。混合模型也在旋风分离器中得到广泛应用。混合模型的连续方程为

$$\frac{\partial \rho_m}{\partial t} + \nabla \cdot (\rho_m u_m) = 0 \qquad (2-17)$$

式中,ρ_m 为混合相密度;u_m 为混合相速度,表示质量中心的速度。它们的定义为

$$\rho_m = \sum_{k=1}^{n} \alpha_k \rho_k \qquad (2-18)$$

$$u_m = \frac{1}{\rho_m} \sum_{k=1}^{n} \alpha_k \rho_k u_k = \sum_{k=1}^{n} c_k u_k \qquad (2-19)$$

式中,α_k 为第 k 相的体积分数;ρ_k 为第 k 相的平均密度;u_k 为第 k 相的平均速度;c_k 为第 k 相的质量分数,其定义为

$$c_k = \frac{\alpha_k \rho_k}{\rho_m} \qquad (2-20)$$

混合模型的动量方程为

$$\frac{\partial}{\partial t}(\rho_m u_m) + \nabla \cdot (\rho_m u_m u_m) = -\nabla p_m + \nabla \cdot (\tau_m + \tau_{Tm}) \\ + \nabla \cdot \tau_{Dm} + \rho_m g + M_m \qquad (2-21)$$

式中,τ_m 为混合黏性应力;τ_{Tm} 为紊动应力;τ_{Dm} 为由于相滑移产生的扩散应力;M_m 为表面张力对混合相的影响,其定义为

$$\tau_m = \sum_{k=1}^{n} \alpha_k \tau_k \qquad (2-22)$$

$$\tau_{Tm} = -\sum_{k=1}^{n} \alpha_k \overline{\rho_{lk} u_{Fk} u_{Fk}} \qquad (2-23)$$

$$\tau_{Dm} = -\sum_{k=1}^{n} \alpha_k \rho_k u_{Mk} u_{Mk} \qquad (2-24)$$

$$M_m = \sum_{k=1}^{n} M_k \qquad (2-25)$$

式中，τ_k 为第 k 相的黏性应力；u_{Fk} 为混合相的脉动速度；ρ_{lk} 为第 k 相的局部密度；u_{Mk} 为混合相的扩散速度；M_k 表示表面张力对第 k 相的影响。

4）离散相模型（DPM）

离散相模型（DPM）适用于本研究中固相体积分数低于10%的两相流问题。在本研究中，DPM 模型是一个合适的选择，特别是当分散相的体积分数低于10%时，DPM 模型允许我们精确地对分散相颗粒的运动轨迹进行建模。这对于模拟废物颗粒在养殖池中的行为非常重要，尤其是在分散相浓度较低的情况下。通过采用 DPM 模型，我们能够更准确地模拟养殖池内废物的运动和分布情况，为环境保护和池塘管理提供有力支持。

通过积分拉格朗日参考系下的离散相运动方程组，即可求解颗粒物的运动轨迹[108]。分析颗粒物的受力，在直角坐标系下的运动方程为

$$\begin{cases} \dfrac{du_p}{dt} = f_D(u-u_p) + \dfrac{a_x(\rho_p-\rho)}{\rho_p} + f_x + f_{bx} + f_{lx} + f_{px} + f_{xy} \\ \dfrac{dv_p}{dt} = f_D(v-v_p) + \dfrac{a_y(\rho_p-\rho)}{\rho_p} + f_y + f_{by} + f_{ly} + f_{py} \\ \dfrac{dw_p}{dt} = f_D(w-w_p) + \dfrac{a_z(\rho_p-\rho)}{\rho_p} + f_z + f_{bz} + f_{lz} + f_{pz} + f_{yz} \end{cases} \qquad (2-26)$$

式中，等式右边第二项为单位颗粒质量的重力与浮力的合力；f_D 为单位颗粒质量受到的阻力；f_x、f_y、f_z 为附加加速度项，即单位颗粒质量力在直角坐标系下的分量，对于旋流器内部流体绕 y 轴以角速度 ω 旋转的情况，作用于颗粒上的 x 方向和 z 方向的附加单位质量力分别为

$$\begin{cases} f_{xy} = \left(1-\dfrac{\rho}{\rho_p}\right)\omega^2 x + 2\omega\left(w_p - \dfrac{\rho}{\rho_p}w\right) \\ f_{yz} = \left(1-\dfrac{\rho}{\rho_p}\right)\omega^2 z + 2\omega\left(u_p - \dfrac{\rho}{\rho_p}u\right) \end{cases} \qquad (2-27)$$

在实际的多相流动中,颗粒的阻力不仅与雷诺数有关,还和流体的湍流运动、可压缩性、流体温度与颗粒温度、颗粒形状、壁面的存在及颗粒群的浓度等因素有关,其定义为

$$F_\mathrm{p}=\frac{\pi d_\mathrm{p}^2}{8}C_D\rho\,|\,u-u_\mathrm{p}\,|\,(u-u_\mathrm{p}) \qquad (2-28)$$

其中,C_D 为阻力系数,表示为

$$C_D=\frac{F_\mathrm{p}}{\dfrac{\pi d_\mathrm{p}^2}{8}\rho\,(u-u_\mathrm{p})^2} \qquad (2-29)$$

单位颗粒质量受到的阻力 f_D 表示为

$$f_D=\frac{18\mu}{\rho_\mathrm{p} d_\mathrm{p}^2}\frac{C_D Re_\mathrm{p}}{24} \qquad (2-30)$$

Re_p 为相对颗粒雷诺数,表示为

$$Re_\mathrm{p}=\frac{\rho d_\mathrm{p}}{\mu}\,|\,u-u_\mathrm{p}\,| \qquad (2-31)$$

其中,μ 为连续相流体的黏性系数。对于球形颗粒,阻力系数的计算式为

$$C_D=a_1+\frac{a_2}{Re_\mathrm{p}}+\frac{a_3}{Re_\mathrm{p}^2} \qquad (2-32)$$

式中,a_1、a_2、a_3 对于光滑球形颗粒在一定 Re_p 范围内为常数。此外,颗粒的阻力系数还可以根据颗粒形状的变化动态地确定,称为动态阻力模型。

$$C_D=\begin{cases}\dfrac{24}{Re_\mathrm{p}}\left(1+\dfrac{1}{6}Re_\mathrm{p}^{\frac{2}{3}}\right), & Re_\mathrm{p}\leqslant 1\,000 \\ 0.424, & Re_\mathrm{p}>1\,000\end{cases} \qquad (2-33)$$

颗粒物的运动轨迹方程为

$$T_\mathrm{p}=T_\mathrm{p}^0+\int_t^{t+\Delta t}V_\mathrm{p}\mathrm{d}t \qquad (2-34)$$

式中,T_p^0 为颗粒物的初始位置。

2.3 网格划分与独立性验证

要对流场进行数值求解,首先需要对控制方程进行离散。离散过程是在一定的网格上进行的,因此需要对计算区域进行网格划分,然后在划分的网格上对控制方程进行离散求解。在数值计算中,用离散的网格来代替原物理问题中的连续区间,网格中的节点则是所求解物理量的几何位置。根据网格的构造,可以分为结构化网格(Structured Mesh)、块结构化网格(Block-structure Mesh)、非结构化网格(Unstructured Mesh)、非结构化和结构化混合网格(Hybrid Structured-Unstructured Mesh)、自适应网格(Adaptive Grid)五种类型[109]。在结构化网格中,任意一个节点的位置可以通过一定的规则进行命名。在块结构化网格中,计算区域需要分解成两个或两个以上的子区域,每个子区域中均采用一种形式的结构化网格。在非结构化网格中,节点的位置无法用固定的法则有序命名,非结构化网格应用于有限差分及有限体积法,使这两种数值方法对不规则区域的适应性增强到与有限元法相等的程度[110]。网格自适应是指这样一个过程,即以最适合于所求解问题的方式布置节点并确定其间的联系,以改进所求解流场与温度场的精度,使数值解的误差在全域内接近均匀分布。Fluent软件可以接受上述各种网格形式。相比较而言,结构化网格是较为普遍使用的一种网格,因为其生成方法相对简单,工作量少,对构造比较简单的计算区域一般采用这种网格。非结构化网格对几何形状复杂的计算对象具有良好的适应性,但非结构化网格的生成比较困难,对计算机的要求也比较高。

2.3.1 网格划分

网格划分是数值模拟中的核心步骤,直接影响求解的精度和效率。有效的网格划分策略旨在确保网格质量的前提下选择合理的网格数量,因为网格结构决定了微分方程求解的性能。常见的网格类型包括三角形、四边形、四面体、六面体及混合网格。三角形和四边形网格适用于二维分析,前者速度较快但精度略低,后者精度较高但速度较慢。四面体网格常用于三维复杂几何体的模拟,尽管计算负荷较大,但适应性强。六面体网格提供高精度的三维流场分析,适合简单几何形状。混合网格结合了多种方法的优势,适合复杂的二维和三维分析,平衡了计算速度与精度。选择适当的网格类型需基于模拟目标、所需精度和计算能力,以确保结果的准确性与效率。

从数学原理上讲,计算网格越密集,计算精度越高。然而,增加网格数量将导致计算时间大大增加,并且在实际工程计算中,计算精度与网格数量并非线性关系。应在满足计算精度的基础上选择合适的网格数量[111]。因此,在工程应用中,应选择满足计算精度的网格,并对模型不同部位的重要程度进行区分。关键部位和节点需要提高计算精度,可以选择细化网格,而远离约束和载荷的部位或受其影响较小的部位可适当选择较为粗糙的网格进行离散,将有限的资源和时间用在结构的关键部位和节点上。

由于本研究采用的养殖池模型较为复杂,因此采用四面体网格类型,并在模型曲率较大处进行局部加密,在池壁面处生成边界层网格。根据所选的 $k-\varepsilon$ 湍流模型,选择标准壁面函数求解壁面附近内层数据,选用 $y^+ = 50$ 估算第一层网格高度,具体过程如下:

(1) 利用 $Re = \dfrac{\rho u L}{\mu}$ 估算雷诺数 Re,其中,L 为特征长度(m);u 为来流速度(m/s);ρ 为流体密度(kg/m³);μ 为流体动力黏度(Pa·s)。

(2) 利用 $C_f = 0.058 R_e^{-0.2}$ 估算壁面摩擦系数 C_f。

(3) 利用 $\tau_w = 0.5 C_f \rho U_\infty^2$ 估算壁面剪切应力 τ_w [kg/(m·s²)],其中,用 U_∞ 为来流速度(m/s)。

(4) 利用 $u_\tau = \sqrt{\dfrac{\tau_w}{\rho}}$ 估算速度 u_τ (m/s)。

(5) 利用 $y = \dfrac{y^+ \mu}{u_\tau \rho}$ 计算第一层网格高度 y(m)。

2.3.2 网格独立性验证

从有限元分析的原理来看,网格划分得越细密,求解结果的精度越高。但在实际工程的设计和应用中,网格数量的急剧增加会导致计算时间成本大幅增加,而且当网格数量达到一定程度后,计算精度的提高并不明显[112]。因此,在工程应用中,应选择满足计算精度要求的网格,并对模型不同部位的重要程度进行区分。对于关键部位和关键节点,需要提高计算精度,可以选择细化网格;

而远离约束和载荷的部位或受约束和载荷影响较小的部位,可适当选择较为粗糙的网格进行离散,从而将有限的资源和时间用在结构的关键部位和节点上。网格独立性检验步骤如下:

(1) 根据模型初步确定一个网格数量,如总数10万个网格。

(2) 在保持其他条件不变的情况下,逐步增大网格数量(注意要成比例增加),如从10万到20万,再到40万、80万、160万。

(3) 观察数值解的变化趋势,如果相邻两次的解的误差在5%~10%范围,一般认为网格对结果的影响在可接受的范围内,验证完成。

2.4 数值求解方法

计算流体动力学(CFD)是一门对流体流动和热传导等物理现象进行数值分析和研究的力学分支学科,于20世纪60年代伴随计算机的发展而兴起。CFD方法涵盖了广泛的工业及非工业领域,如飞行器空气动力学、船舶水动力学、内燃机等动力装置、旋转机械、海洋工程、气象学等,并在其中发挥着越来越重要的作用。

利用CFD方法解决工程问题的基本流程为:确定计算域、划分计算网格、选择物理模型、确定边界条件、设置求解参数、迭代计算、计算后处理、模型的校核与修正[113]。在求解过程中,常用的数值离散方法有:有限体积法、有限差分法和有限元法。其中,有限体积法在有限差分法的基础上,结合了一部分有限元算法的思想,在工程应用和算法开发方面发展迅速,在CFD领域占据着重要地位。有限体积法的基本思路是:首先,将待计算的区域进行离散化,使其变为若干个互不重叠的网格;然后,在每个网格节点上取控制体并把待求量设置在网格节点上,利用动量守恒定律对每个单元控制体进行积分,导出一组离散格式,最后进行数值求解。相比于其他方法,有限体积法适用于求解任何类型的网格,适合描述各种复杂流动现象,其适用性更加广泛。

CFD软件的使用日益广泛,使科研人员能够轻松地在不同程序间交换数值数据并利用通用的处理工具,极大地提高了研究效率。这样,研究者可以更加专注于物理问题的探讨,而非计算方法或编程技巧。其中,PHOENICS、CFX、STAR-CD和Fluent等商业CFD软件获得了广泛认可。尤其是ANSYS

Fluent,以其全面的物理模型和优化能力,成为最受欢迎的选择,适用于流体动力、热传递、辐射及多相流等多种流体模拟问题。Fluent 提供了包括密度和压力求解器在内的多种算法,能够处理复杂流场的模拟。此外,其高效的计算方法和多样的求解策略显著提高了仿真的收敛速度和精度,包括非耦合隐式算法、耦合显式算法和耦合隐式算法等。这为科研人员提供了强大的工具,以便更深入地研究和解决流体力学的问题。

在进行数值仿真时,前处理器和后处理器是不可或缺的环节。前处理器用于建立物理模型和网格化,常见的有 ANSYS MESH、ICEM 和 GAMBIT 等。而后处理器,如 CFD POST、TECPLOT 和 ORIGIN,主要负责对结果进行分析和可视化,帮助清晰展示研究成果。这些工具合力确保了仿真流程的完整性,助力于获得准确和可信的结果。Fluent 采用 C 语言开发,优化了内存和 CPU 使用效率,允许用户针对不同的物理场景选择合适的求解参数,从而提升了计算的速度、稳定性和精度。得益于其强大的求解性能,Fluent 特别适合模拟复杂的几何形状,如养殖池。因此,在本研究中,我们选择 Fluent 作为主要的数值模拟工具。

2.4.1 离散格式

计算流体力学中的离散格式是指通过数值方法将连续的流体力学方程进行离散化处理。具体来说,就是将连续的空间和时间域划分成离散的网格点,然后在这些网格点上求解流体力学方程。离散格式的主要作用包括:

(1)将连续的流体力学方程转化为离散的数值计算问题,便于计算机求解。

(2)通过离散格式对流体力学问题进行数值模拟和计算,从而获得流场的速度、压力、温度等参数的数值解。

(3)可以通过调整离散格式的参数和网格分布等方式,对流体力学问题进行优化和改进,以提高计算的准确性和效率。

(4)通过离散格式进行流体力学问题的数值稳定性和收敛性分析,确保数值解的可靠性和准确性。

离散格式在计算流体力学中起着至关重要的作用,是实现流体力学问题数值计算和仿真的基础。其中,对控制方程的离散主要包括对流项、扩散项及源项等的离散。从纯数学的角度来看,对流项是一阶导数项,离散处理似乎并不困难。然而,从物理过程的特点来看,对流项是最难进行离散处理的导数项。

这主要是因为对流作用具有强烈的方向性。如果对流项的离散处理不当,可能导致数值解缺乏准确性、稳定性和经济性[114]。

相比于其他方法,有限体积法适用于求解任何类型的网格,能够描述各种复杂流动现象,其适用性更加广泛。有限体积法常用的离散格式有中心差分格式、一阶迎风格式、二阶迎风格式、QUICK 格式等。

中心差分格式:中心差分格式在计算相邻控制体积公共界面处的变量值时是协调的,满足守恒性要求[115]。对于有界性,通过傅里叶分析法得知,对流项的中心差分格式是条件稳定的,即当佩克莱数 $Pe<2$ 时,满足有界性判断条件,求解结果相对稳定。当 $Pe>2$ 时,可能会导致计算结果大幅振荡,产生不合理的解,其原因是其离散系数 $aE<0$ 造成的。中心差分格式没有体现对流输运的方向性,在 Pe 数较高时,中心差分格式不具备输运特性。在计算精度上,通过泰勒级数分析可知,中心差分格式具有二阶计算精度,但在强对流情况下,计算的收敛性和精度均较差[116]。

由于一阶迎风格式的离散方程系数永远大于 0,因此无论在任何计算条件下都不会引起解的振荡,总能得到在物理上看似合理的解。然而,由于其截断误差阶数较低,除非采用相当细密的网格,否则其计算结果误差较大。一阶迎风格式只适用于流动较为简单的情况,如层流;对于网格较为复杂的情况,一阶迎风格式并不适合[114]。乘方格式虽然避免了一阶迎风格式的缺点,但其精度与一阶迎风格式一样,仍为较低的一阶精度。二阶迎风格式克服了一阶迎风格式截断误差较低的缺点,同时又保留了它的优点,采用泰勒展开法来保留截断误差。QUICK 格式具有三阶截断误差精度[117]。该格式采用具有迎风倾向的二次插值来确定控制容积界面上的函数值,具有比迎风格式更高的精度,可有效降低假扩散的影响,但使用起来相对复杂。

各种离散格式的通用控制方程为式(2-35)。对于一维、无源项的对流扩散问题以及稳态问题,可简化为式(2-36);对于高阶情况,则为式(2-37):

$$\frac{\mathrm{d}(\rho u \varphi)}{\mathrm{d}x} = \frac{\mathrm{d}}{\mathrm{d}x}\left(\Gamma \varphi \frac{\mathrm{d}\varphi}{\mathrm{d}x}\right) \quad (2-35)$$

$$a_p \varphi_p = a_W \varphi_W + a_E \varphi_E \quad (2-36)$$

$$a_p \varphi_p = a_W \varphi_W + a_{WW} \varphi_{WW} + a_E \varphi_E + a_{EE} \varphi_{EE} \quad (2-37)$$

其中,ρ 为流体密度(kg/m);u 为流速(m/s);φ 为广义变量,可以是速度、浓度等物理量；Γ_φ 为广义扩散系数；φ_p 为时刻值；a_W、a_E、a_{WW}、a_{EE} 为系数，由使用的离散格式决定。

式(2-35)中，对于一阶情况，有

$$a_p = a_W + a_E + (F_e - F_w) \qquad (2-38)$$

对于二阶情况，有

$$a_p = a_W + a_E + a_{WW} + a_{EE} + (F_e - F_w) \qquad (2-39)$$

其中，系数 F_e、F_w 为界面上质量力(N)。

2.4.2 边界条件

选取合理的边界条件对数值计算结果有重要影响。边界条件包括压力入口和出口边界、速度入口和出口边界、壁面边界、流量入口和出口边界、对称边界、交界面等。常用的边界条件如下：

(1) 速度入口边界：设置入口速度，通常用于不可压缩流动。

(2) 流量入口边界：设置入口质量流量，可用于可压缩流动。

(3) 压力入口边界：设置入口位置的总压，应用广泛。

(4) 对称边界：适用于对称的几何模型。

(5) 壁面边界：可设置壁面滑移速度和壁面粗糙度，默认情况下为无滑移壁面。

(6) 压力远场边界：用于模拟无穷远来流，通常用于航空航天外流计算。

(7) 自由出流边界：不适用于可压缩流动，受回流影响严重，可设置出流比例。

(8) 轴边界：适用于旋转几何的二维模型。

(9) 在设置速度、流量和压力入口及出口边界条件时，需要设置边界的湍流参数。

对于内流模型，通常选择湍流强度 I 与水力直径 D 的组合[60]，具体计算过程如下：

$$I = \frac{u'}{u_{\text{avg}}} = 0.16(Re)^{-1/8} \qquad (2-40)$$

$$D = \frac{4A}{L} \qquad (2-41)$$

其中，u' 为速度脉动的均方根；u_{avg} 为平均速度（m/s）；Re 为雷诺数；A 为过流面积（m²）；L 为湿周长度（m）。

2.4.3 计算方法

离散方程组的数值求解方法包括耦合解法和分离解法。其中，分离解法应用较广泛，其算法包括 SIMPLE 算法（压力耦合方程组的半隐式方法）、SIMPLEC 算法、SIMPLER 算法和 PISO 算法（耦合速度压力的非迭代算法）。后三种是 SIMPLE 算法的改进版，分别适用于不同情况。SIMPLE 算法包括一个预测步和一个修正步，而 PISO 算法是三步算法，包括一个预测步和两个修正步。为了便于求解，在完成第一个修正步后，得到速度场和压力场，并寻求第二次改进值，这加快了单个迭代步中的收敛速度，并且对于动量和压力都可以使用亚松弛因子 1.0。对于所有的过渡流动（非定常流动）和具有较大扭曲网格上的定常流动状态，PISO 算法可以更容易得到结果。

（1）SIMPLE 算法计算步骤如下：

① 假定一个压力场 P^*。

② 求解运动方程式，得 u^*、v^*、w^*。

③ 求解压力修正方程式，得 P'、P。

④ 利用速度修正方程式，得 u、v、w。

⑤ 对速度进行修正，并求解与速度相关的 ϕ 变量，判定 ϕ 变量是否对流场产生影响，若无影响则在得到收敛解的流场重新求解该变量。

⑥ 把 P 作为一个新的 P^* 压力，按照第二步所描述的方法继续重复求解，直到求出的解为收敛解。

其中，SIMPLEC 算法与 SIMPLE 算法步骤完全相同，只改进了速度修正量方程中系数的表达式，具有更好的收敛性。

（2）PISO 算法计算步骤如下：

① 假定一个速度场 u^0、v^0，以此计算离散动量方程中的系数和常数项。

② 假定一个压力场 P。

③ 求解动量离散方程式，得 u^*、v^*。

④ 求解压力修正方程式，得 P'。

⑤ 对速度进行修正，得 u'、v'。

⑥ 将 u^*、v^* 和 u'、v' 代入 $u^{**}=u^*+u'$、$v^*=v^*+v'$、$P=P^0+P'$。

⑦ 求 $\ddot{u}_n$、$\ddot{v}_n$，$\ddot{P}=P^*+aP'$。

⑧ 以上一步的值作为初值进入下一次迭代，直到求出收敛解。

本章介绍了本研究中使用的研究方法、数值计算理论与模型，包括 CFD 理论和 SIMPLE 等求解方法。我们对常见的流体动力学求解方法进行了简要介绍，并详细描述了常用的有限体积法的各种离散格式、连续相的基本方程、多个湍流模型及多相流模型的多种求解方法。这为后续的理论计算与仿真模拟提供了理论基础。此外，本章还介绍了网格划分、书中所用的网格独立性检验方法、合理边界条件的选择及计算结果的有效性检验。

第 3 章

池型结构参数对养殖池水动力特性的影响

为探讨池型结构参数对养殖池水动力特性的影响,本章选择正方形、正六边形、圆形、方形切角、方形圆弧角这五种池型的循环水养殖池作为研究对象。在验证计算方法有效性并与相关实验数据进行对比的基础上,研究不同池型养殖池的水动力学特性。首先,建立六边形、圆形、不同切角距离和圆角半径的方形养殖池的结构模型,基于计算流体力学方法,构建三维流场模型。然后,利用不同的流场指标,包括速度分布、涡量分布、流动均匀性指数等,全面分析不同池型结构养殖池的流场特性,研究池型结构对养殖池水体混合均匀性、排污能力和能量利用效率的影响。最后,从适合养殖的角度、循环水的利用效率和养殖空间利用率等方面,评估不同池型结构养殖池的综合性能。

3.1 养殖池的池型结构

3.1.1 几何结构模型

本章在养殖池的设计中采用了双通道排水结构,该结构可以实现对养殖废物的第一级有效分离,目前在循环水养殖池中被广泛应用。"双通道"是指排水口分为底流口和溢流口,底流流量和总流量之比被称为"分流比",其变化范围为 $5\% \sim 40\%$[29]。底流集中了大多数固体颗粒物,方便下一步处理;而悬浮物多集中于溢流,溢流水质较为澄清,可以经简单处理后循环使用。

研究对象的结构模型如图 3-1 所示。建立 12 组同体积但不同池型结构的养殖池三维模型,并且这些模型具有相同位置和结构参数的进水口和出水口,且无底部坡度。进水装置为单进水管结构,其底部中心坐标如图3-1a所示,其中坐标系原点为养殖池底部中心,模型高度为2 000 mm,最底部进水口(直径30 mm)中心距池底距离为80 mm,纵向排列共25个,间距为67 mm,如图3-1b所示。双通道排水装置包括中心溢流口(直径220 mm)和底流口(直径140 mm),如图3-1c所示。养殖水体在通过底流口前需先流入集污斗(直径480 mm),集污斗上方距池底80 mm处安装了圆形板(直径800 mm)。

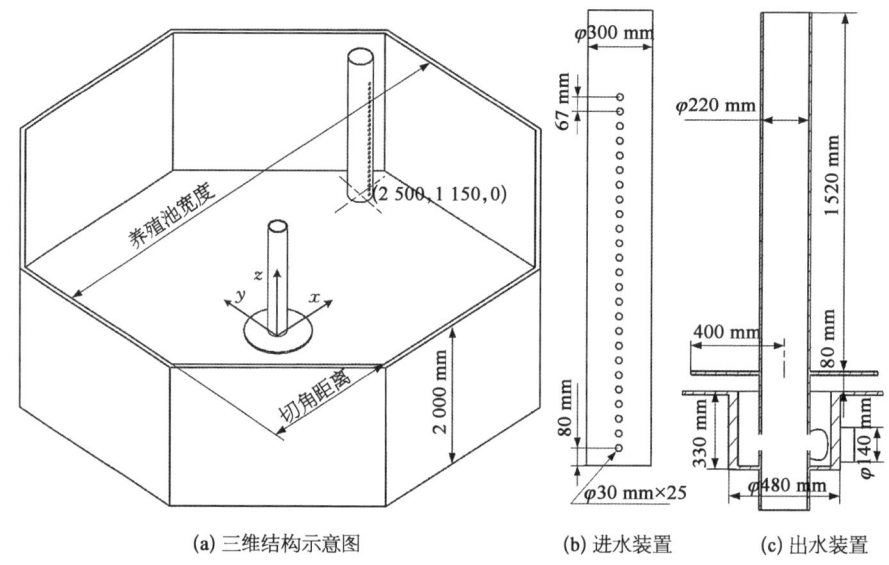

(a) 三维结构示意图　(b) 进水装置　(c) 出水装置

图3-1　养殖池结构示意图

为便于比较,并确定综合性能最佳的池型参数,将方形切角养殖池中切角距离与半宽比定义为k_1,在正方形($k_1=0$)与正八边形($k_1=0.585\,8$)之间选择3组k_1值;将方形圆角养殖池中的圆角半径与半宽比定义为k_2,在正方形($k_2=0$)与圆形($k_2=1$)之间选择5组k_2值。养殖池的宽度为对边距离(圆形养殖池宽度为直径),因此12组养殖池结构参数见表3-1所示。其中,P为养殖池空间利用系数,$P=d_{圆形}/d$。在相同体积下,养殖池宽度越小,空间利用率越高。根据表3-1,可以得出切角距离和圆角半径较小的养殖池具有更高的空间利用率(表现为空间利用系数高)。在平行放置时,发现正六边形养殖池需要考虑对角宽度,因此,不宜与其他池型比较空间利用系数。本章将分析正六边形养殖池与其他结构养殖池的水动力特性、颗粒去除效率等指标,并在养殖池综合性能分析中忽略空间利用率。

表 3-1 RAS 养殖池的结构参数

池型结构	养殖池宽度 d/mm	k_1	k_2	P
正方形	5 461.08	0	0	1.128 4
正六边形	5 868.31			
正八边形	6 000.00	0.585 8		1.027 0
圆 形	6 162.16		1.000 0	1.000 0
切角距离 402.05 mm	5 490.60	0.146 5		1.122 3
切角距离 817.50 mm	5 582.11	0.292 9		1.103 9
切角距离 1 262.11 mm	5 745.36	0.439 4		1.072 5
圆角半径 456.45 mm	5 477.43		0.166 7	1.125 0
圆角半径 921.23 mm	5 527.37		0.333 3	1.114 8
圆角半径 1 403.44 mm	5 613.74		0.500 0	1.097 7
圆角半径 1 913.92 mm	5 741.76		0.666 7	1.073 2
圆角半径 2 466.66 mm	5 919.99		0.833 3	1.040 9

为研究不同池型养殖池内部流场特性,设置一个通过池中心并平行于 Oyz 坐标平面的垂直监测面。在该监测面的 0.2 m、1.0 m、1.8 m 处设置速度监测线,并设置五个平行于养殖池底部的水平监测面,高度分别为 0.2 m、0.6 m、1.0 m、1.4 m、1.8 m,如图 3-2 所示。

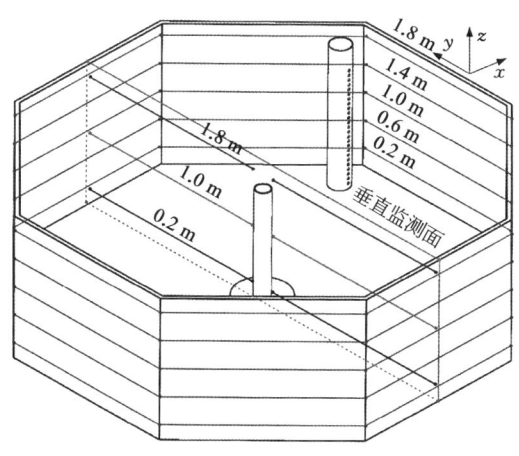

图 3-2 监测线和监测面

3.1.2 流速分布特性

图3-3所示为不同池型结构的养殖池各监测线上的速度分布曲线。总体来看,由于射流速度导致的水流旋转,养殖池水体呈现出外围速度大、中间速度小的规律。通过对比正方形、正六边形、正八边形和圆形养殖池的速度分布曲线可以发现:当养殖池趋于圆形时,各监测线上的速度绝对值增大,不同高度监测线的速度分布也逐渐相似。除正方形养殖池外,其他三种养殖池的监测线速度均表现出明显的"M"形对称分布规律。对比图3-3a、3-3c、3-3d、3-3e、3-3f可以看出:当方形养殖池的切角距离较小时,速度产生了较大的不规则波动,各监测线上的速度差别较大。这是由于水流经过池壁后,水体质点之间的相互作用导致湍流动能和涡流黏度增大,对速度产生了较大扰动。对比图3-3a、3-3g、3-3h、3-3i、3-3j、3-3k、3-3l可以发现:当方形圆角养殖池的k_2从0增加到0.1667时,速度的变化较小;当$k_2=0.5$时,各监测线上的速度差异最大,说明此时养殖池中的流速大且流动混乱。随着圆角半径继续增大,养殖池速度分布不均匀现象逐渐好转,流速基本呈对称分布,表明养殖池内的水流均匀稳定,形成了强度较高的涡流。当方形养殖池的切角距离和圆角半径较大或养殖池趋于圆形时,均匀的速度分布和较高的底部速度将更有利于颗粒物的排出,从而确保良好的水质条件。

一般来说,养殖池最佳水流回转速度可取为每秒鱼身长度的0.5~2.0倍,这既能维持鱼的正常呼吸,又能促进肌肉的增强[118]。另外,Timmons等[25]的研究表明,为达到期望的颗粒物去除效率,应适当提高底部流速,且池壁处的流速至少应达到15 cm/s。在养殖系统的实际运行中,可根据养殖生物的生长需求、颗粒物的沉淀及排出要求调整入口流量,以获得最佳的速度分布等水动力条件。

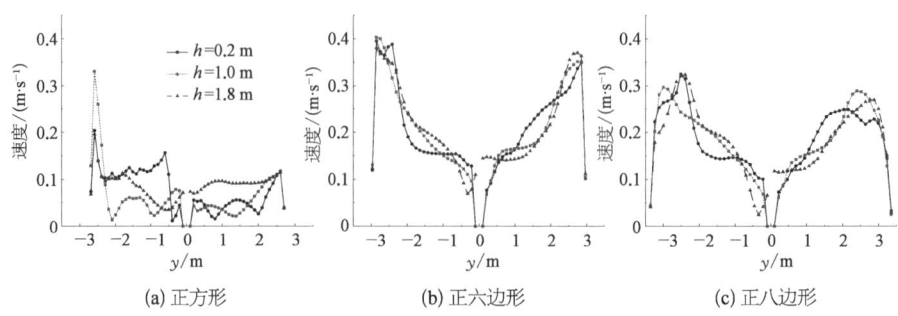

(a) 正方形　　　　　(b) 正六边形　　　　　(c) 正八边形

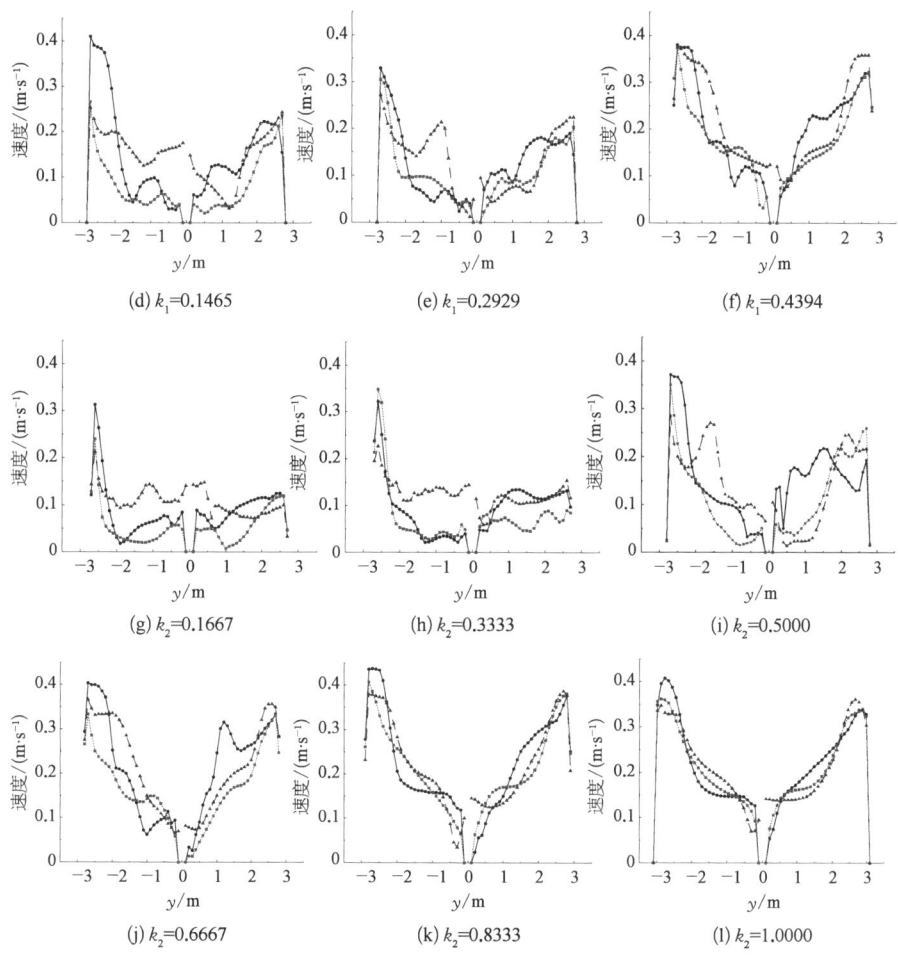

图 3-3 不同池型结构的养殖池各监测线上的速度分布

3.1.3 涡流结构特性

在水流注射过程中,水体围绕养殖池的中心旋转,形成了主旋转流。根据漩涡特征,可将其分为涡柱、涡环和涡丝。漩涡特征可通过 Q 准则识别[117]。Q 准则被定义为流场的速度旋度($\mathbf{V} \times \mathbf{u}$)的正第二不变量。本书中,$Q$ 取值为 0.014,用于定位养殖池中的涡量分布,表示各个位置涡的强弱[119],如图 3-4 所示。总体来看,池型结构对于涡流的空间分布和结构形态有明显影响。

其中,正方形养殖池形成的涡柱和涡环特征不明显,涡丝分布紊乱。随着养殖池趋于圆形,旋流现象逐渐显现,涡柱和涡环的体积逐渐增大。同时,由于

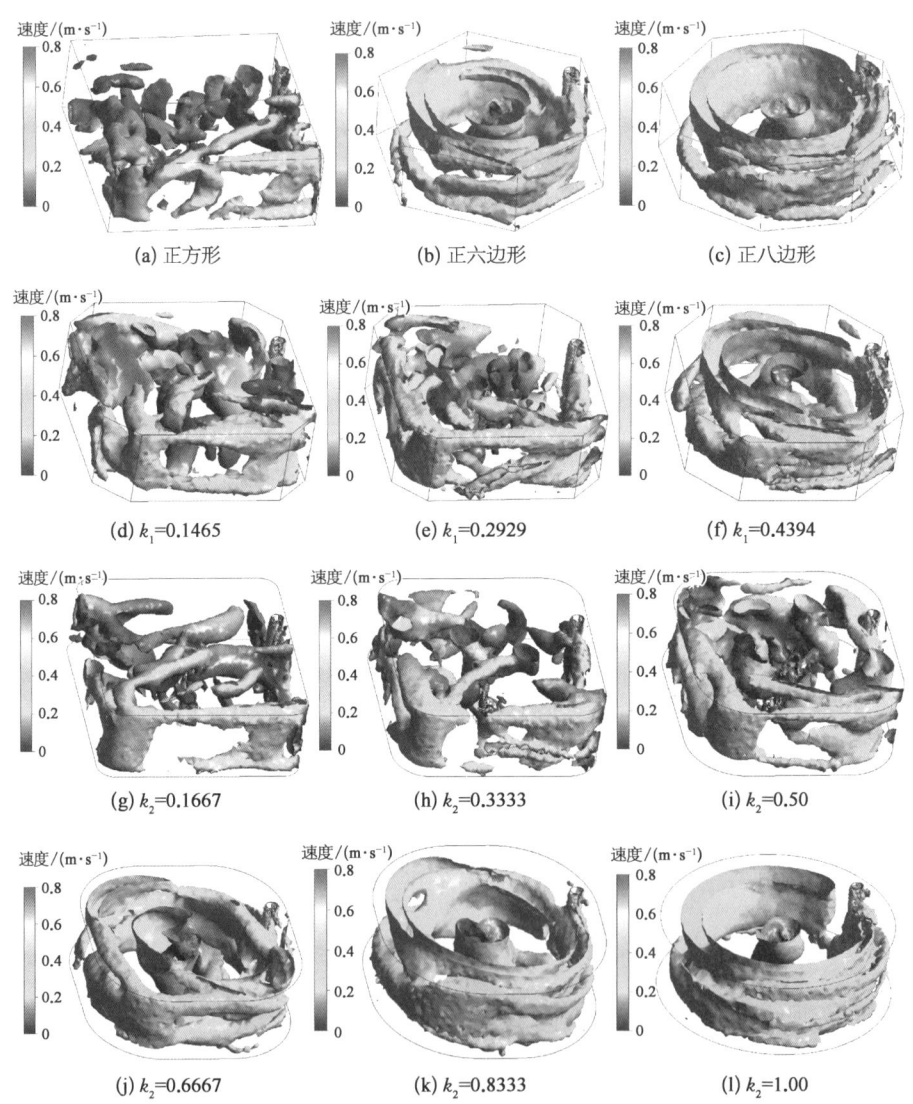

图 3-4 不同池型结构养殖池的涡量分布

旋转流与池壁的作用力减小,涡丝数量减少,涡流强度逐步增强。对比图 3-4a、3-4d、3-4e、3-4f、3-4c 可以发现:随着养殖池切角距离的增加,即切角距离与养殖池半宽比 k_1 的增大,涡柱和涡环的体积增大,池内环流运动逐渐明显,低速混合区逐渐减少;同时,靠近池壁的水流速度较大,池中心速度较小的特征也逐渐显现。对比图 3-4a、3-4g、3-4i、3-4j、3-4k、3-4l 可以看出:随着养殖池圆角半径的增加,即圆角半径与养殖池半宽比 k_2 的增大,养殖池流场呈现出与上述相似的规律。涡流的形态和强度影响养殖池中固体颗粒的分散和冲洗速率[120]。当方形养殖池的切角距离和圆角半径增大或养殖池趋于圆形时,水体混合更加均匀,死水区减少,有助于提高养殖池的自净能力。然而,涡流强度过大会提高养殖生物的应激水平[73]。

流线图可以用来表征某水体的流动瞬态。图3-5所示为不同池型结构养殖池的三维流线图,结果表明:当方形养殖池的切角距离和圆角半径较小时,

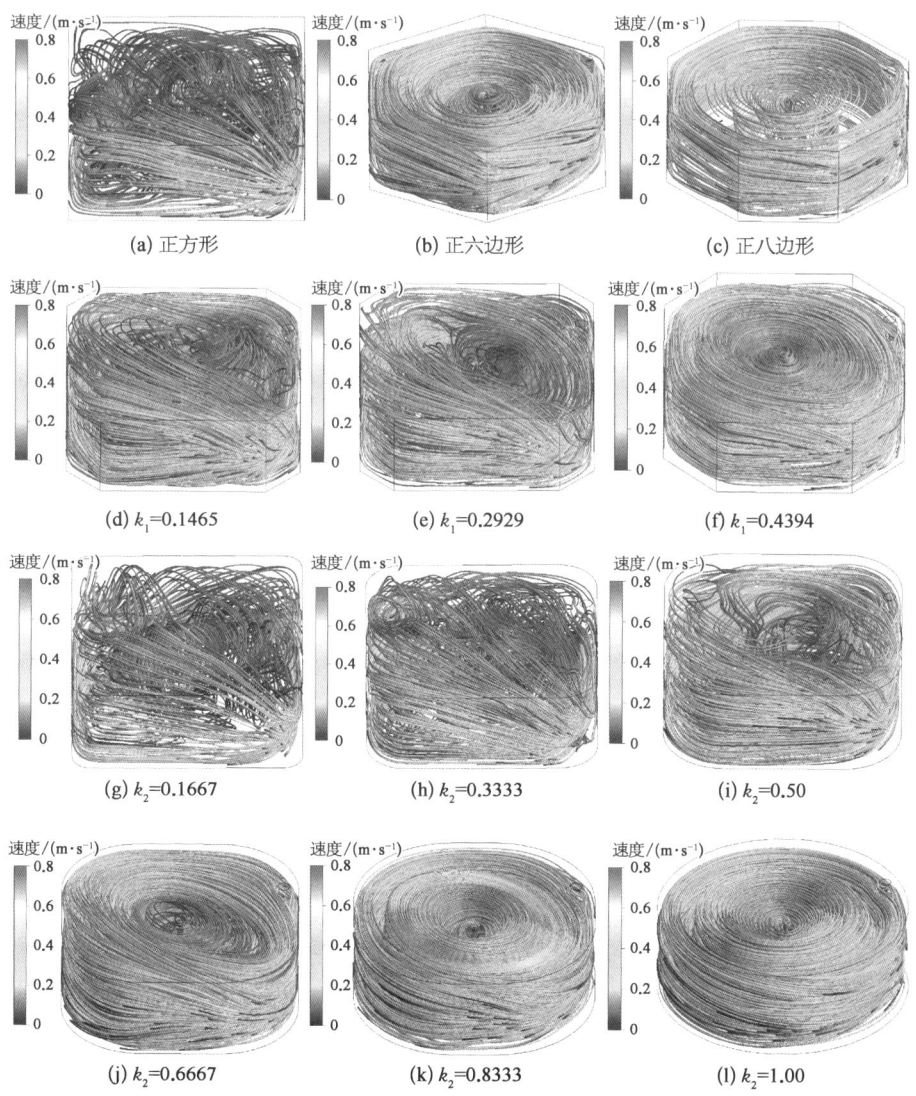

图3-5 不同池型结构养殖池的流线图

水体质点的运动规律性差、流态紊乱。随着方形养殖池切角距离和圆角半径的增加,切角和圆角对水流的引导作用加强,减少了水体质点与壁面之间的正向碰撞,水体质点之间的不规则碰撞也相对减少,其运动轨迹逐渐转为围绕养殖池中心的旋流,流态较为稳定。

此外,由于主旋转流和养殖池底部的无滑移条件,养殖池内会产生二次流。二次流由池底的内径向流和养殖池表面的外径向流构成,通过"通道涡原理"促进养殖池中水体的混合作用。其中,内径向流沿着池底将沉淀的固体颗粒物携带至水池中心的排水口,从而实现养殖水体的自净。垂直面的流线如图3-6所示,可以看出二次流的存在。由于养殖池型结构的不同,垂直平面中二次流的分布和强度表现出显著差异。图3-6b、3-6c、3-6h、3-6k、3-6l中二次流特征明显,且在溢流管两侧分布较为均匀和对称;图3-6f、3-6j中的二次流强度相对较弱;图3-6a、3-6d、3-6e、3-6g、3-6i中二次流被破坏,强度较低。二次流的强度是水流产生混合作用的重要因素之一,固体颗粒被水流带走而无法沉积在池底,从而确保养殖池中的水质均匀[121]。因此,能否产生强度高的二次流是评价养殖池性能的重要指标。

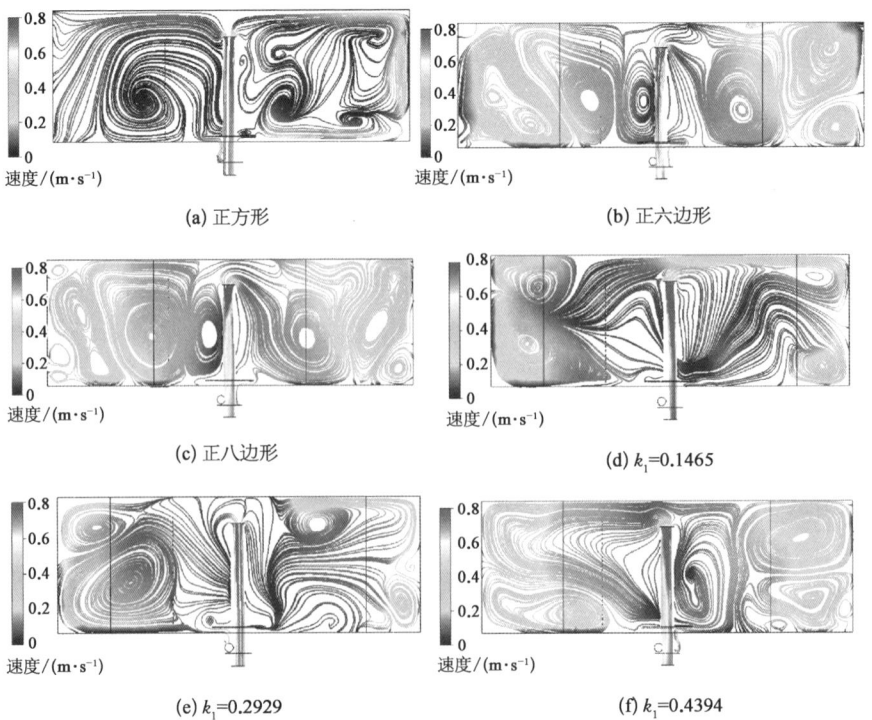

(a) 正方形　　　　　　　　　　(b) 正六边形

(c) 正八边形　　　　　　　　　(d) $k_1=0.1465$

(e) $k_1=0.2929$　　　　　　　(f) $k_1=0.4394$

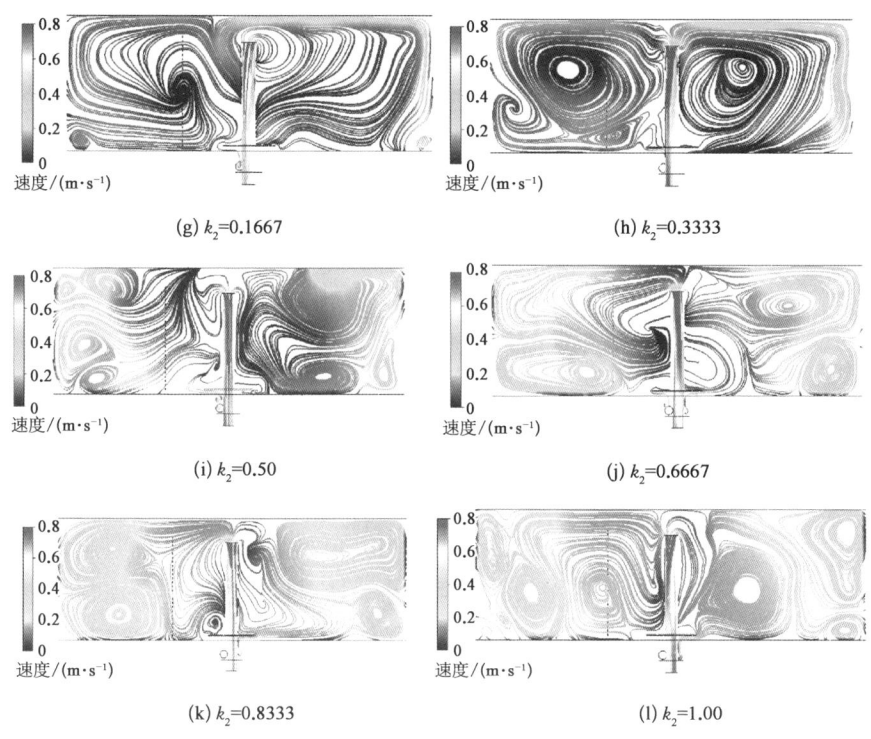

图 3-6　不同池型结构养殖池垂直监测面流线图

结合图 3-4、图 3-5、图 3-6 可以发现：当方形养殖池的切角距离和圆角半径较小时，水体质点之间及水体与养殖池壁之间存在大量不规则碰撞和摩擦，导致较大的能量损耗，进而在养殖池内出现许多低速混合区。池内水体混合性较差，不利于溶解氧等物质的均匀扩散，另一方面，这也导致池内湍流强度增大，水流紊乱，不利于固体颗粒物的沉淀和排出。当方形养殖池的切角距离和圆角半径增加或养殖池趋于圆形时，池内的旋流动逐渐显现，形成围绕养殖池中心的规律性环流运动，涡流强度更高，二次流现象明显。这样一来，池内水体混合的均匀性更好，有助于溶解氧等物质的扩散和颗粒物的排出，从而创造一个更有利于养殖生物生长的水环境。

3.1.4　水流均匀性指数

水流均匀性指数可作为衡量养殖池性能的水动力学指标和评估养殖生物生存条件的水文参数。养殖池的水流均匀性指数越高，水体的混合性能越好，有利于产生稳定的水环境。水流均匀性指数定义如下[67,122]：

$$\Upsilon = 1 - \frac{1}{2A} \int_A \frac{|u_{\text{avg}} - u'|}{u_{\text{avg}}} dA \tag{3-1}$$

式中,Υ 为水流均匀性指数;u_{avg} 为横截面上的面积加权速度(m/s);u' 为横截面上的流体微元速度(m/s);A 为横截面面积(m^2)。

图 3-7a 表明,在正方形养殖池中,各截面的水流均匀性指数 Υ 相对较小,其中水平截面 $h=0.6$ m 的 Υ 值最小,低于 0.7。而在正六边形、正八边形和圆形养殖池中,Υ 值普遍大于 0.85,随着养殖池形状趋于圆形,Υ 的变化不大。图 3-7b 显示,随着切角距离与养殖池半宽之比 k_1 的增大,方形切角养殖池各截面水流均匀性指数 Υ 总体上先呈现平稳趋势,随后快速增加。从图 3-7c 可以看出,当方形圆角养殖池的圆角半径与养殖池半宽之比 $k_2 < 0.5$ 时,Υ 随 k_2 增大呈现一定的波动,增长趋势不明显。然而,当 k_2 从 0.5 增加到 1.0 时,水流均匀性指数显著增长。从不同高度来看,$h=1.8$ m 横截面上的水流均匀性指数整体较高,且随着池型改变而增长的趋势较小。这可能是因为养殖池顶部进水口的高度为 1.7 m,射流对该横截面上的流场影响较小,速度相对稳定,变化不大。另外,二次流对该横截面上速度变化的影响较小,减少了流动的不均匀性。

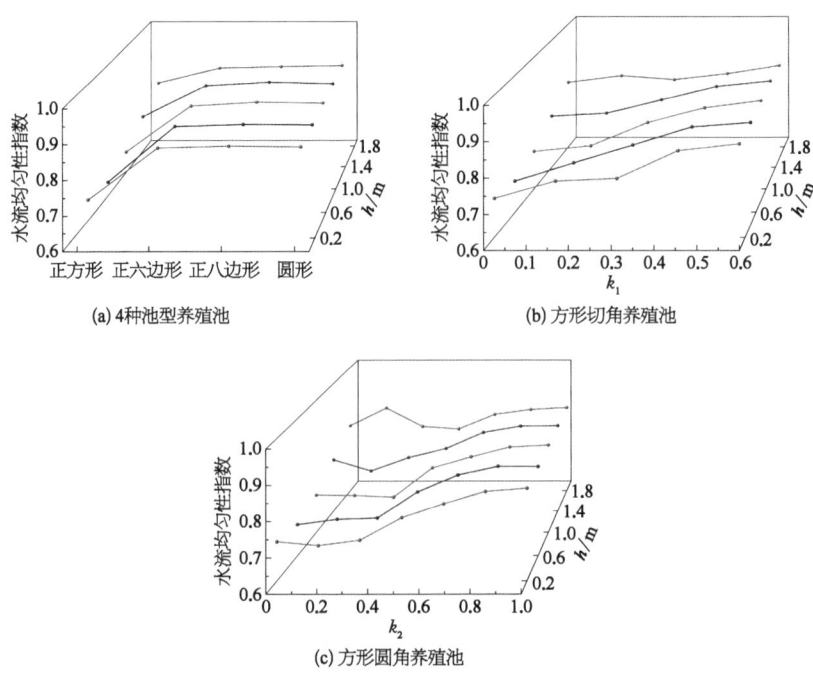

图 3-7 不同池型结构养殖池水平监测面的水流均匀性指数

3.1.5 能量利用效率特征

水体环流运动的能量主要由进水口射流提供,能量损耗主要来自克服养殖池阻力和水体质点间相对运动的黏性阻力。利用养殖池平均速度 v_{avg}(体积加权水体速度)与射流速度 v_{in} 的比值来评估不同池型结构养殖池的能量利用率,如图 3-8 所示。整体来看,当方形养殖池的参数 k_1 和 k_2 增大或养殖池趋于圆形时,v_{avg}/v_{in} 呈上升趋势。如图 3-8a 所示,养殖池从正方形到正六边形时,v_{avg}/v_{in} 大幅增长,而从正六边形、正八边形到圆形养殖池时,v_{avg}/v_{in} 增长缓慢。如图 3-8b 所示,随着方形养殖池的切角距离与养殖池半宽比 k_1 增大,v_{avg}/v_{in} 呈现先慢后快的增长趋势。如图 3-8c 所示,随着圆角半径与养殖池半宽比 k_2 的增大,v_{avg}/v_{in} 增长速率呈现出与图 3-8b 相似的变化特征,但 k_2 从

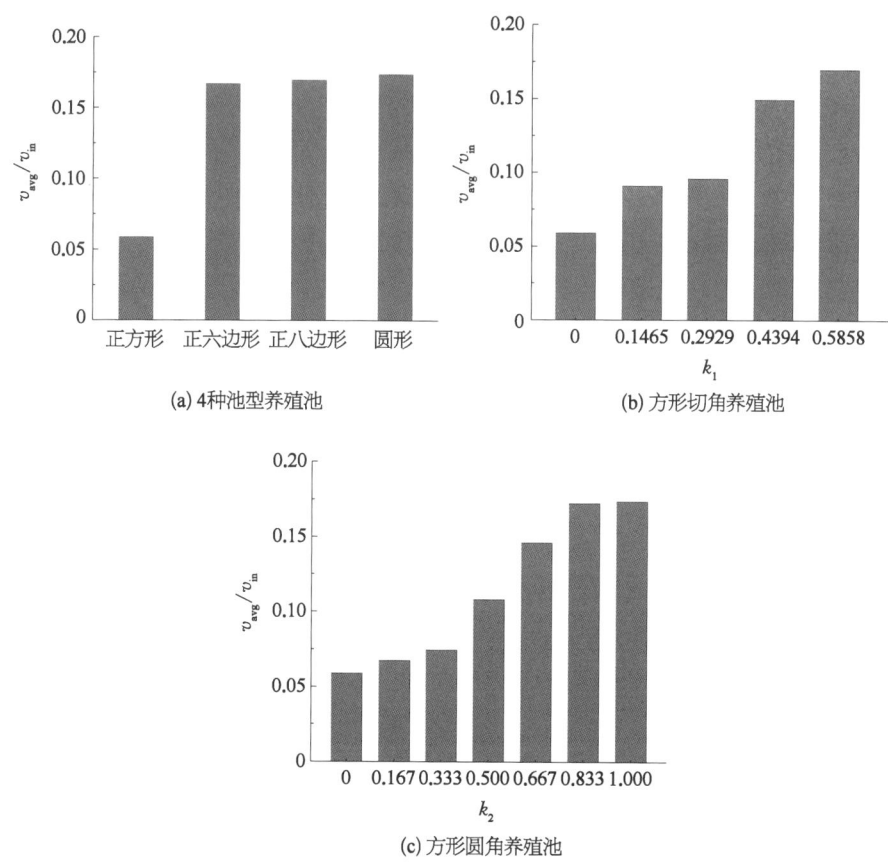

图 3-8 池型结构对能量利用效率的影响

0.833 3 到 1.0 对 v_{avg}/v_{in} 的影响不大。因此,由于大距离切角和大半径圆角对水流的引导作用更强,减少了水流与池壁的撞击能量消耗,同时使水体质点轨迹趋于有规律的环流运动,减小了湍流动能和涡流黏度,提高了能量利用效率。

由于不同池型养殖池的能量利用效率不同,要维持适合养殖生物生长的速度范围,就需要调整养殖池的入口流量。与圆形和正八边形养殖池相比,k_1 和 k_2 较小的养殖池会产生更多的废水,降低水循环利用效率。

3.1.6 自净化效能

为了分析池型对大粒径颗粒物去除效率的影响,计算在 1 个水力停留时间 (35 min) 内,0.5 mm 颗粒物在养殖池中的分布情况,结果如图 3-9 所示。通过对比图 3-8 和图 3-9 可以发现养殖池对大粒径颗粒物的去除效率与池内水体速度成正比关系。在 1 个水力停留时间内,正方形养殖池的颗粒物去除率最低,而正八边形和圆形池对 0.5 mm 颗粒物的去除率可达 99.7%。随着参数 k_1 和 k_2 的增大,颗粒物去除率明显提高,从溢流口排出的颗粒物比例也有减小的趋势。一方面,死水区的减少使得颗粒物在池底滞留的时间缩短;另一方面,水体旋转速度加快提高了颗粒物绕池中心的旋转速度,颗粒物到达池底后向底流口的移动速度也加快。当 k_1 和 k_2 较小时,较紊乱的水流和随机的湍流效应使颗粒物不易沉淀,颗粒物流向溢流口的概率增加,最终从溢流口排出的比例较大。随着 k_1 和 k_2 的增大,从溢流口排出的比例趋于稳定,如图 3-9b 和图 3-9c 所示。

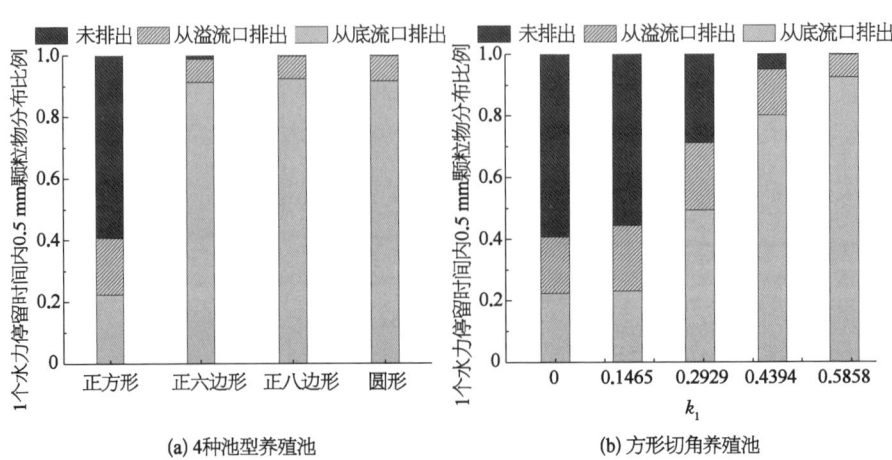

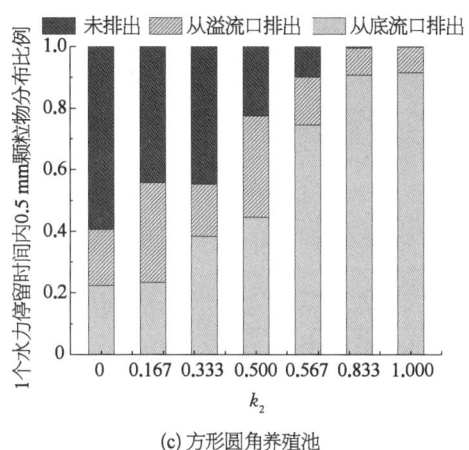

(c) 方形圆角养殖池

图 3-9 池型对颗粒物去除效率的影响

3.1.7 水动力综合性能

为了进一步评估养殖池的综合性能,本节提出养殖池综合性能指数 E 概念,其定义为

$$E = K_1 P + K_2 \frac{v_{\text{avg}}}{v_{\text{in}}} + K_3 \Upsilon_{\text{avg}} \tag{3-2}$$

其中,P 为养殖池空间利用系数;K_1 为空间利用系数的加权系数,取 0.3;v_{avg} 为养殖池体积加权水体速度;v_{in} 为射流速度(m/s),以 $v_{\text{avg}}/v_{\text{in}}$ 估计养殖池能量利用效率;K_2 为能量利用效率的加权系数,取 0.4;Υ_{avg} 为养殖池中 5 个水平面的平均流动均匀性指数;K_3 为 Υ_{avg} 的加权系数,取 0.3。

不同切角距离和不同圆角半径的养殖池综合性能指数如图 3-10 所示。可以看出,随着 k_1 的增大,方形切角养殖池的综合性能逐渐提升,其中正八边形养殖池的综合性能最佳;随着 k_2 的增大,方形圆角养殖池的综合性能先增加后减少,其中当 $k_2=0.833\,3$ 时,方形圆角养殖池的综合性能指数达到最大。在实际养殖池的设计与建造中,可选择 $0.439\,6 < k_1 < 0.585\,8$ 的方形切角养殖池或 $0.667 < k_2 < 0.833\,3$ 的方形圆角养殖池。

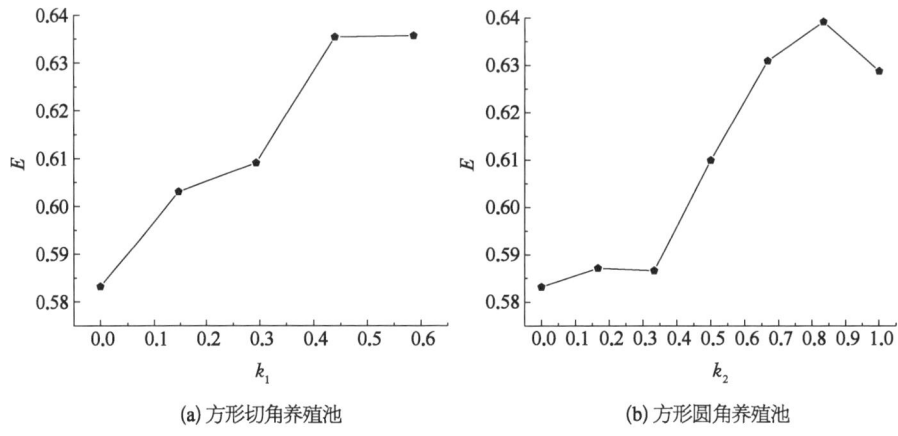

(a) 方形切角养殖池　　　(b) 方形圆角养殖池

图 3-10　不同池型养殖池的综合性能指数

3.2　池型对水动力影响效果

在构建节能、减排、高效的循环水养殖系统过程中,养殖池需要综合考虑水动力特性、水体混合、自净化能力、能量利用效率、土地利用率等因素。本章研究了不同池型结构及不同底面坡度养殖池的速度、涡量、流线分布特征,获取了流动均匀性指数、平均速度等参数,分析了养殖池水体混合及排污能力、能量及循环水利用效率、空间利用率,从而评估不同池型养殖池及相同池型不同底面坡度的综合性能。结论如下:

(1) 从适渔性角度来看,在相同的养殖体积下,方形养殖池具有较大切角距离和圆角半径,或池型趋于圆形的养殖池具有更好的水动力特性。这包括均匀的速度分布、更高的底流速度、良好的水体混合性能和水体流动均匀性,以及高强度的涡流和二次流。这种水环境有助于溶解氧的混合和固体颗粒物的聚集和排出,从而实现最佳的养殖生长条件。

(2) 从循环水利用效率来看,当切角距离与养殖池半宽比 k_1 和圆角半径与养殖池半宽比 k_2 较小时,养殖水体的平均速度较低,对射流的输入能量利用效率也较低。要维持适宜的速度范围,需要增大射流速度,进而产生更多废水,降低循环水利用率和经济效益。

(3) 养殖池对大粒径颗粒物的去除效率与水体流速成正比关系。在一个水力停留时间内,正方形养殖池的颗粒物去除率最低。随着 k_1 和 k_2 的增大,养殖池对颗粒物的去除率明显提高,从溢流口排出的颗粒物比例逐渐减少。

(4)从养殖池的空间利用率来看,在相同的养殖体积下,当方形养殖池的切角距离和圆角半径较大或养殖池趋于圆形时,其宽度也相应增大,这不利于提高养殖空间的利用率。

(5)根据所定义的养殖池综合性能指数,$0.4396 < k_1 < 0.5858$ 的方形切角养殖池和 $0.667 < k_2 < 0.8333$ 的方形圆角养殖池具有更高的综合性能,在构建工厂化循环水养殖系统时应综合考虑。

(6)在单个养殖池的水循环特性数值模拟中,可以看到养殖池中心区域有明显的旋流和涡流产生。养殖池池壁附近的速度值大于轴心区域部分的水体流速。在低流速区域内,大部分固体颗粒物以沉淀为主,沉积的颗粒物容易向中间聚集,有利于养殖池的集污排污功能。

(7)随着养殖池底面坡度的增加,养殖池内部流态的紊乱程度减小,流场的湍流强度也相应减小,有利于固相颗粒物的沉降。底面坡度越大,其底部出口附近的压力越小,颗粒物受到的作用力就越小,更有利于固体颗粒物的沉积。

第 4 章

射流式水循环驱动方式对养殖池水动力特性的影响

方形圆角养殖池与射流式注水方式能够获得更好的水动力性能,包括更高的底流速度、良好的水体混合性能和水体流动均匀性,以及较高的涡流和二次流强度,这有利于溶解氧的混合和固体颗粒物的快速排出。然而,关于方形圆角养殖池的进水管数量、布置位置及角度对水动力特性的影响机制尚不明确。本章主要研究这两个方面。一方面,为研究方形圆角养殖池的进水管数量对水动力特性的影响,本文对比分析了四种进水管设置方式下的流速分布、涡量分布、射流能量利用效率及水体混合均匀性。此外,还研究了不同密度和粒径的颗粒物停留时间及其在溢流口和底流口的排出规律,确定了进水管数量与养殖池自净化效能的定量关系。另一方面,针对方形圆角养殖池进水管的布置方式及角度对水动力特性的影响,本书采用 CFD 计算仿真方法,比较了分割式循环水池塘养殖中养殖池单元的不同进水结构和进水方式;通过分析池内水循环的水动力学特征,包括速度云图、水流均匀性指数、养殖池阻力系数和能量利用效率等指标,研究结合了 DPM 模型,综合考虑了流场对颗粒物排出的影响;最终,获得了最佳水动力条件下的注水结构和方式,为养殖池单元的进水结构设计提供了有价值的思路。

4.1 射流式进水管的数量

4.1.1 数值模型

建立 4 组不同弧壁进水管设置方式的循环水养殖池三维结构模型,其结构模型如下图 4-1 所示。

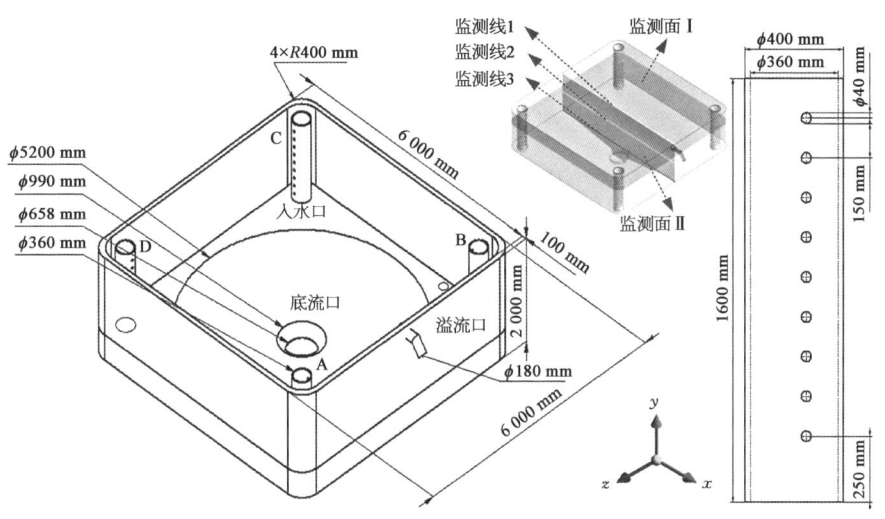

图 4-1 循环水养殖池的结构示意

养殖池的长和宽为 6 000 mm×6 000 mm,深度为 2 000 mm,壁厚为 100 mm,圆角半径为 400 mm。进水装置的总高度为 1 600 mm,管径为 360 mm。每根进水管上设置了 9 个直径为 40 mm 的射流孔,位于进水管的侧面,射流孔的间距为 150 mm,第一个射流孔距池底的距离为 250 mm。养殖池底部设有圆形坡面,坡度为 10°。底流口位于养殖池底部中央,设有圆形扩孔,出水口直径为 658 mm,溢流口直径为 180 mm。Q 表示进水管的数量,其位置用 A、B、C、D 区分,其中,$Q=4$ 表示四根进水管;$Q=3$ 表示 A、C、D 三根进水管;$Q=2$ 表示选择 A、C 两根进水管;$Q=1$ 表示 A 进水管。y 方向为重力方向,xOz 平面与水平面平行,将 $y=3.5$ m 的横截面定义为监测面Ⅰ;将 $z=3.15$ m 的纵截面设置为监测面Ⅱ;在监测面Ⅱ上设置 3 条监测线,分别为 $y=4$ m(监测线 1);$y=3.25$ m(监测线 2);$y=2.5$ m(监测线 3)。相关计算参数见表 4-1。

表 4-1 计 算 参 数

属 性	数 值
养殖池圆弧角半径 R/mm	400
入水口总流量 Q/(kg/s)	24

续 表

属 性	数 值
固相颗粒物直径 $D/\mu m$	500
固相颗粒物密度 $\rho/(kg/m^3)$	1 050
固相动力黏度 $\eta/(Pa/s)$	0.004 5
液相密度 $\rho/(kg/m^3)$	1 000
液相动力黏度 $\mu/(Pa/s)$	0.001 003
养殖池底部壁面粗糙度 $Ra/\mu m$	0.001

在进行数值模拟仿真时,应用DPM模型来模拟颗粒废物在水中的运行轨迹,考虑虚拟质量力、萨夫曼升力和压力梯度力。在连续相流场求解收敛后,从水面投放颗粒物,投放时颗粒物速度为 0.1 m/s。根据水产养殖废物的特性,将颗粒密度设置为 1 050 kg/m³。虽然养殖池中的颗粒粒径范围从 0.01 mm 到 3 mm,但本章只考虑较大的可沉淀颗粒的运动规律和去除效率,因此将颗粒物粒径设置为 0.5 mm,并将颗粒物简化为刚性球形。将溢流口和底流口设置为颗粒逃逸边界,其他位置边界均为反射颗粒边界。

4.1.2 流速分布

图 4-2 所示为不同进水管设置方式下监测面Ⅰ、Ⅱ上的速度分布云图,其中,图 a 为监测面Ⅰ;图 b 为监测面Ⅱ。

结果表明:当 $Q=4$ 时,养殖池内部的水流速度较低,离心运动较为明显,池壁附近的流速较高。这是由于射流孔贴近壁面,水流与壁面发生碰撞所致。入水口与养殖池圆角之间形成低速区,整体上存在较大范围的低速混合区。当 $Q=3$ 时,入水口与养殖池圆角之间的水流速度增大,以养殖池壁面为高流速区向中心区扩展,在养殖池中心形成了小范围的低速区,水力混合均匀性较差。当 $Q=2$ 时,进水管与养殖池圆角之间的流速进一步提高,养殖池内的水流速度加快,且高低流速区的分布逐渐趋于稳定,水力混合均匀性更好。当 $Q=1$ 时,养殖池的整体流速显著加快,在养殖池的中心区域形成环状流域,流速显著提高。总体来看,在进水总质量流率不变的情况下,随着进水管数量减少,水力

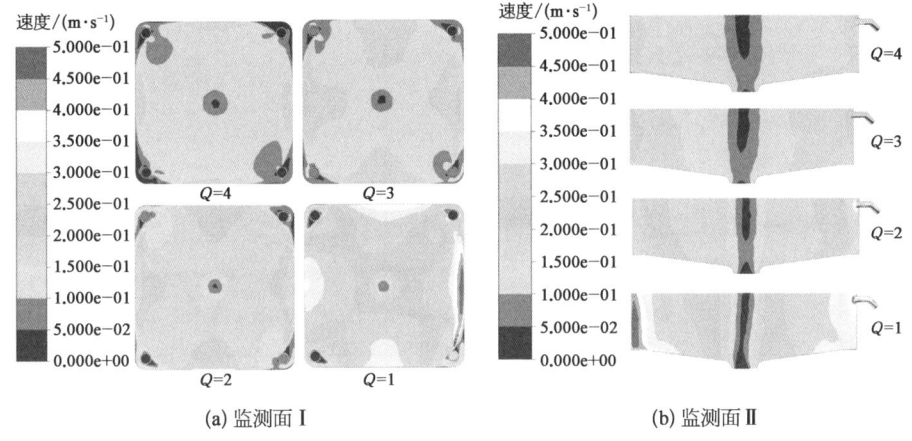

(a) 监测面 Ⅰ (b) 监测面 Ⅱ

图 4-2 不同监测面上的速度分布云图

混合均匀性增加,旋流速度加快,中心区域形成高速环状流域,减少了池内低速混合区的产生,有助于颗粒物沉降。

图 4-3 展示了不同进水管设置方式下,不同监测线上流速的变化曲线。通过对比分析可以发现:不同监测线上的流速基本呈"M"形对称分布规律,水流速度表现为中间低、两侧高的趋势[39,59]。当 $Q=4$ 或 $Q=3$ 时,由于进水总流量不变,单根进水管的流量减少,而水体流过圆角时需要剧烈转动,导致水体与池壁发生剧烈碰撞、折射和反射,降低了对进水管射流能量利用效率,因此养殖池内整体流速相对较低。当 $Q=2$ 时,随着进水流量增加,养殖池内的水流速度增大,在 $x=[3,5]$ 范围内,不同监测线上的流速基本重合,表明流场内的

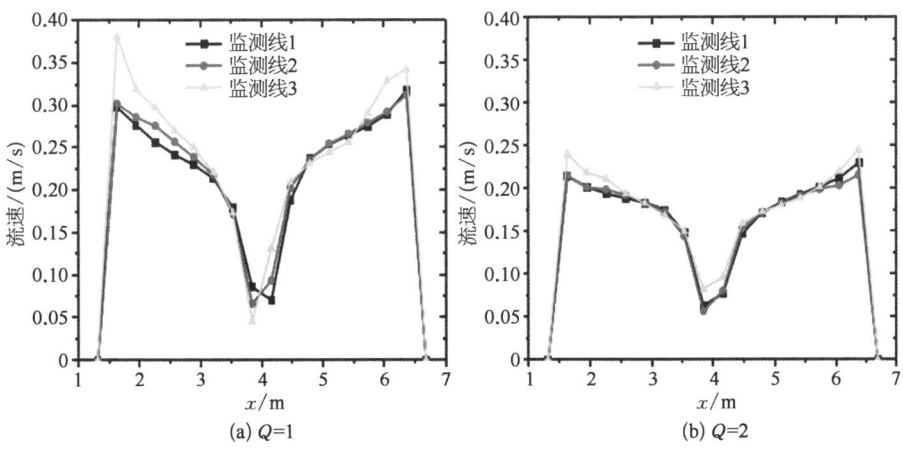

(a) $Q=1$ (b) $Q=2$

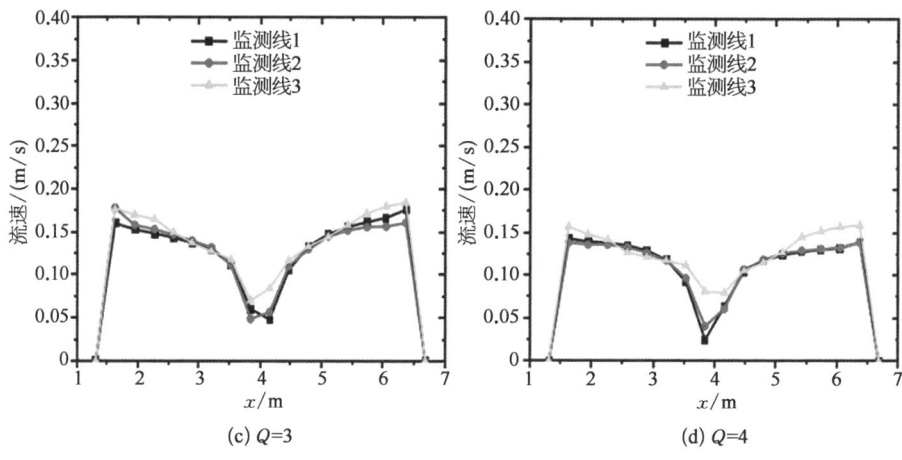

(c) $Q=3$　　　　　　　　(d) $Q=4$

图 4-3　不同监测线上的速度变化曲线

水流速度趋于稳定。然而,养殖池中心区域的速度仍然较低,均在 0.25 m/s 以下。当 $Q=1$ 时,单根进水管的流入量在单位时间内增加到 24 kg/s,养殖池内的水流速度显著提高,监测线 1 上的最高流速接近 0.4 m/s,监测线 2 和 3 上的最高流速接近 0.3 m/s,池壁附近和中心区域的流速差异更大,有利于提高底流口的颗粒物排出率。

4.1.3　涡流结构

在方形圆角养殖池中,流体的旋转运动由不同结构和尺度的轴对称涡流所控制,这些涡流会影响平均流量和颗粒物的排出率[123]。在以旋涡为主的情况下,主要的旋涡特征分为涡柱、涡环和涡丝[66]。图 4-4 展示了不同进水管数量下的养殖池内流场涡量图。当 $Q=4$ 或 $Q=3$ 时,养殖池内的涡柱结构较为明显,涡环的混合性逐渐减弱,且涡流速度较低,不利于颗粒物沉降;当 $Q=2$ 或 $Q=1$ 时,随着水体流速的提高,高速区和低速区的分布变得稳定,涡环的混合性增强,涡流和二次流强度提高,水力混合均匀性更好。对比分析可知:在进水管的总质量流量不变的情况下,设置多进水管时,水流不规则碰撞伴随着较大的射流能量消耗,导致养殖池出现低速混合区,流态紊乱,不利于颗粒物在底流口集聚和排出。而随着进水管数量减少,水体流动均匀性逐渐增强,且高速区和低速区的分布逐渐稳定,有利于颗粒物在底流口集聚和排出。

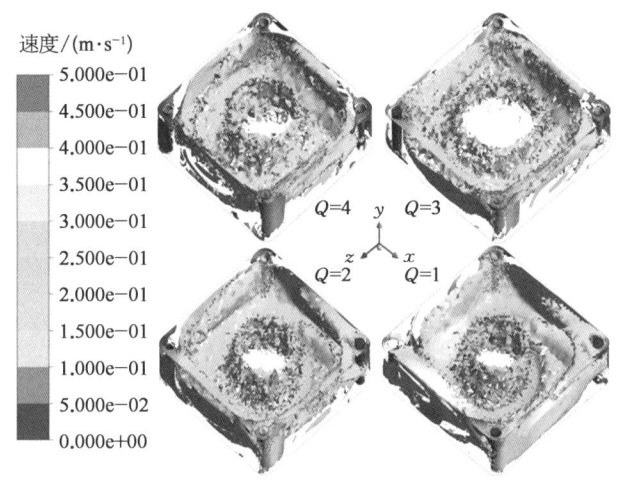

图 4-4　不同进水管数量下的涡量图

4.1.4　水流均匀性指数

为研究不同进水管数下养殖池内流场的均匀性,设置 7 个监测平面,每个监测平面彼此平行,间隔为 0.25 m,如图 4-5 所示。各监测平面水流均匀性指标如图 4-6 所示。

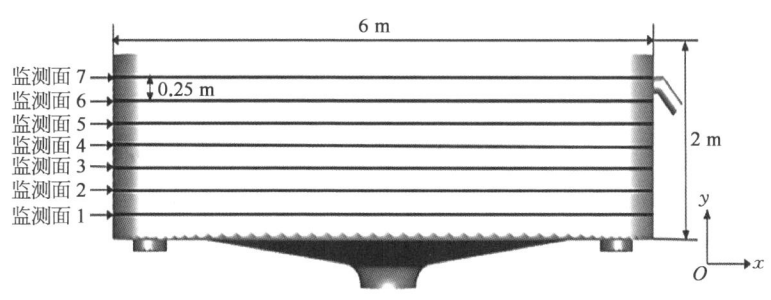

图 4-5　监测平面示意图

从结果可以看出,随着进水管数量的减少,各平面上水流均匀性指数的变化趋势呈现逐渐减小的非线性趋势。当注水方式为单进水管时,水流均匀性指数最大,水流分布最均匀。主要原因是在总水流量一定的情况下,单个进水管的流量随着进水管数量的增加而减小。在进水管总质量流量不变的情况下,设置多个进水管时,水流的不规则碰撞导致射流能耗增大,流型紊乱,流动均匀性指数下降。但随着进水管数量的减少,水流均匀性逐渐增加,高低速区分布逐

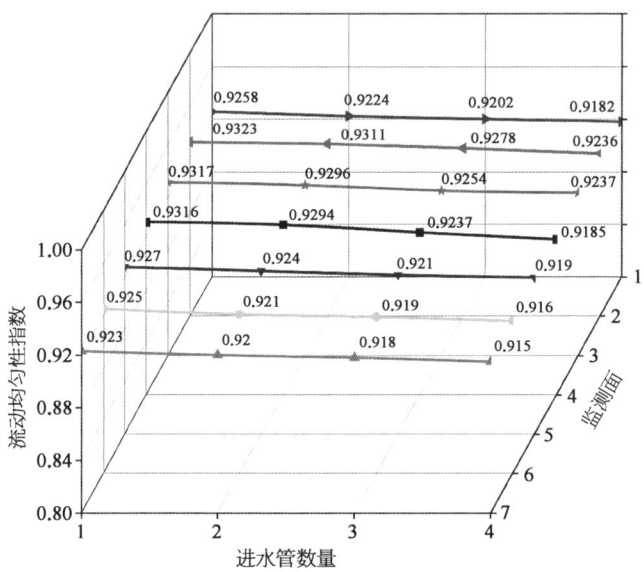

图 4-6 不同进水管数量下各监测面水流动均匀性指数

渐稳定,流动均匀性指数增大。

4.1.5 能量利用效率

养殖池内的水循环速度由进水结构提供的冲击力决定。养殖池系统的能量由进水系统的循环水供应提供,主要用于克服养殖池系统的阻力消耗和水粒子之间的相对运动及碰撞造成的能量损失,从而维持养殖池系统内的水运动。其中,养殖池系统的阻力消耗包括摩擦消耗和池壁的冲击消耗。为进一步研究养殖池内能量的有效利用,将能量有效利用系数定义为[50]:

$$\eta_e = k \frac{m_1}{m_2} \left(\frac{\overline{V}}{V_{in}} \right)^2 \tag{4-1}$$

式中,m_1 为养殖池内循环水总质量;m_2 为进水口总质量;k 为根据养殖池结构设置的可变参数,本文采用方形圆角养殖池,$k=90$;$\overline{V}$ 为养殖池内平均速度;V_1 为入口速度。

不同进水管数量下的流动均匀性指数和有效能量利用率如图 4-7 所示。

结果表明,随进水管数的增加,有效能量利用系数和水流均匀性指数均呈下降趋势。在不同进水管数量的情况下,有效能量利用系数和流动均匀性指标的变化相似,这表明养殖池内的有效能量利用系数与流动均匀性指数呈正相关。

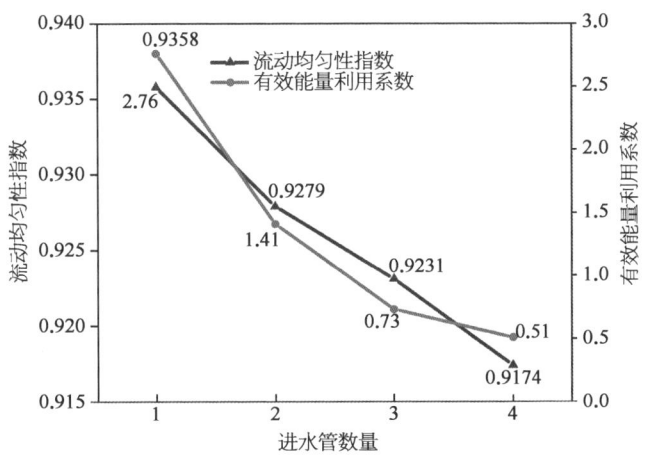

图 4-7 不同进水管数下的流动均匀性指数和有效能量利用系数

4.1.6 自净化效能分析

颗粒物运动轨迹是评估循环水养殖池集污效能的重要指标。研究表明,颗粒物首先通过重力作用沉降至养殖池底部,然后随底流水体流动至底流口,少部分颗粒物通过溢流口排出[66]。图 4-8 给出了 $\rho_p = 1\,100\ \text{kg/m}^3$、$d_p = 0.5\ \text{mm}$ 颗粒物的分布比例和停留时间 x,其中,图 a 为 1 个水力停留时间(35 min)的颗粒物分布统计直方图;图 b 为底流口和溢流口的颗粒物停留时间的统计直方图。对比分析可知,随着进水管数量减少,单进水管质量流量增加,养殖池内颗粒物的去除率总体呈上升趋势。当进水管数量 $Q = 1$ 时,养殖池内颗粒物的去除率最高。这是由于流速提高、涡流和二次流强度增加、低速混合区域减少,使得颗粒物在池内的滞留时间缩短。随着颗粒物在池内运动速度加快,当颗粒物到达池底后,其向底流口移动的速度也会增加,有利于颗粒物在底流口附近的聚集。此外,从溢流口排出的颗粒物比例随着进水管数量的减少,呈现先增大后减小的趋势。当采用多进水管时,较紊乱的湍流效应使得颗粒物不易在养殖池底部沉积,从而增加了其在养殖池内运动过程中流向溢流口的概率。而在单进水管模式下,从溢流口排出的颗粒物比例在达到最高后开始降低,最终逐渐趋于稳定。对比分析颗粒物在底流口和溢流口的滞留时间可以发现,颗粒物在底流口的最长停留时间随着进水管数量的减少而下降,最短停留时间随着进水管数量的减少而逐渐增加,平均停留时间没有明显变化。因此,在平均停留时间不变情况下,尽可能减少最大与最小停留时间的差异,有利于提高养殖池的

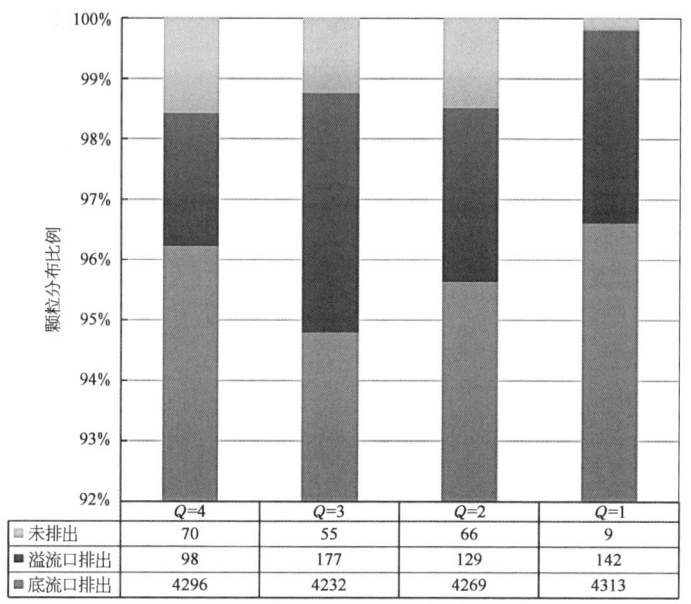

(a) 颗粒物分布直方图

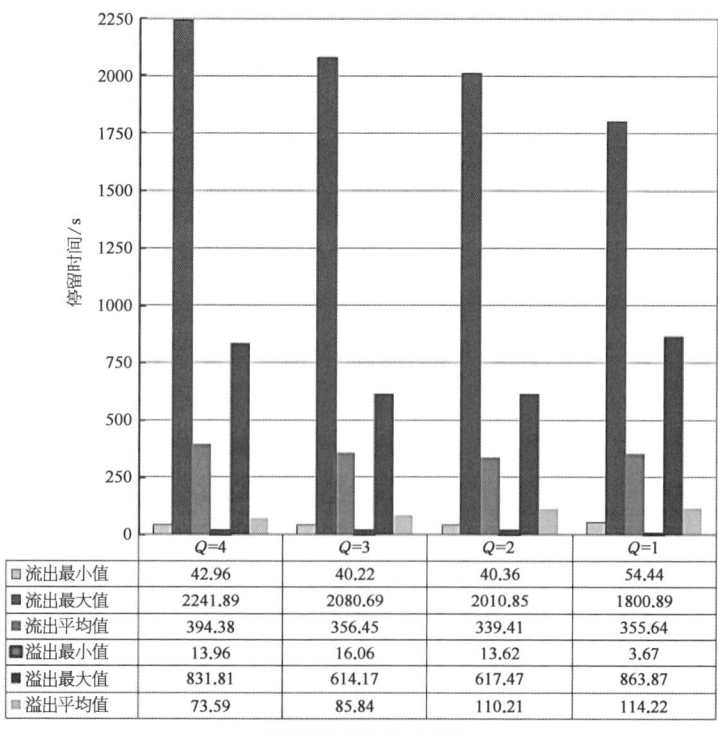

(b) 颗粒物停留时间直方图

图 4-8 颗粒物分布比例及停留时间

集污效率。颗粒物在溢流口的平均停留时间随着进水管数量的减少而逐步增加,这是由于流速增加,颗粒物容易被携带到其他位置滞留,从而延长了颗粒物在养殖池内的停留时间。流速加快有利于颗粒物的集聚,因此,虽然增加了颗粒物的停留时间,但排出率得到了提高。

为了分析不同粒子密度的颗粒物排放规律,图 4-9 展示了在单进水管条件下 $d_p=0.5$ mm 的颗粒物在溢流口和底流口的排出率随时间的变化曲线,其中,图 a 为溢流口,图 b 为底流口。从图 4-9a 可以看出,不同密度的颗粒物排出率在 2.5% 以下,当颗粒物密度与水的密度接近,即为 1 100 kg/m³ 时,溢流口的颗粒物排出率最高,经过约 90 s 后,5 种不同密度颗粒物的去除效率均达到峰值。从图 4-9b 可以看出,当颗粒物密度为 1 100 kg/m³ 时,大约在 100 s 后,颗粒物的排出率才开始明显升高,虽然上升速率较快,但停留时间最长。到 200 s 时,排出率约为 68%。当颗粒物密度为 1 400~1 500 kg/m³ 时,颗粒物的停留时间最短,约在 140 s 后,排出率基本保持不变,约为 85%。密度为 1 400 kg/m³ 的颗粒物排出率略高于密度为 1 500 kg/m³ 的情况。相比而言,密度为 1 300 kg/m³ 颗粒物排出率最高,约 90% 的颗粒物均由底流口排出。这是由于养殖池内的颗粒物受拖曳力、重力、浮力及与池底的摩擦力共同作用,拖曳力和浮力驱动颗粒物集聚或排出,而重力和摩擦力则是阻碍颗粒运动的力[23]。当水体驱动力带动颗粒物运动时,低密度的悬浮物受到较强的拖曳力和浮力,悬浮物在底流口附近旋转而不易排出,因此在溢流口的排出率增加。对于密度

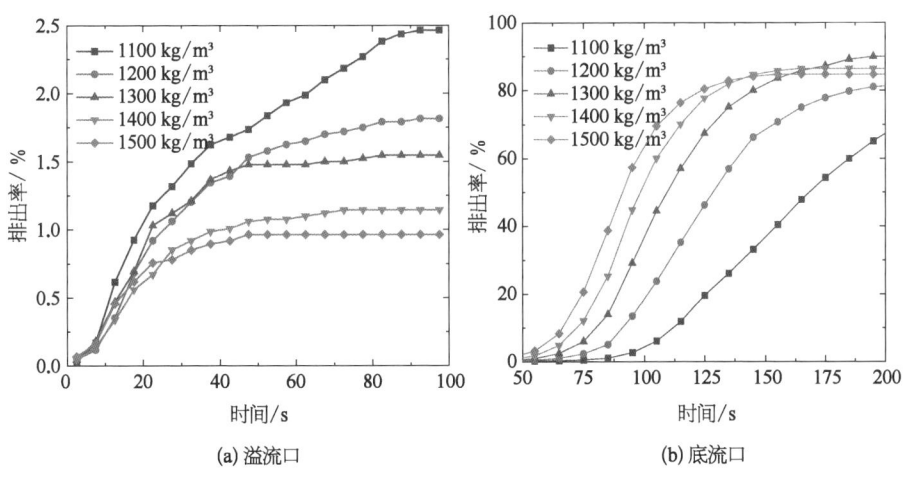

图 4-9 不同密度的颗粒物排出率随时间的变化

为 1 500 kg/m³ 的颗粒物,其沉降到池底后,需要足够的水体驱动力将其汇聚在底流口附近。当养殖池底部水的流速不足时,颗粒物的去除效率下降。另外,密度大的颗粒物易在底流口周围积聚,从而影响其排出率。

图 4-10 展示了在单进水管条件下,不同粒径 $\rho_p = 1\,300$ kg/m³ 颗粒物在底流口的排出率随时间的变化曲线。图 4-11 给出了单进水管条件下 $\rho_p = 1\,300$ kg/m³ 不同粒径的颗粒物排出情况统计直方图。结果表明,在溢流口排出的颗粒物占比很小,当粒径大于 2.0 mm 时,约 90% 颗粒物主要从底流口排出。随着粒径增加,颗粒物在底流口的排出率呈先减后增趋势,但当粒径超过 3.0 mm 时,增加幅度不大,颗粒物的未排出率呈先增后减趋势。对于粒径在 0.5 mm 的小颗粒而言,约 75 s 后,颗粒物在底流口的排出率才开始明显增加,在养殖池内的停留时间最长。当颗粒物的粒径增大时,颗粒物在养殖池内的停留时间缩短。不同粒径颗粒物的排出率随时间的变化规律性主要表现在粒径为 1.5~5.0 mm 范围内,约 100 s 后,随着粒径增大,养殖池内部颗粒物的排出率基本保持不变。当粒径超过 2.0 mm 时,颗粒物的排出率随时间的变化受粒径的影响不大。这是因为小粒径颗粒物处于悬浮状态,受自身重力影响较弱,而受水流的拖曳力较大,因此在底流口的排出率偏低。当颗粒物的粒径增大时,固体颗粒物受到的离心力增大,且在重力作用下容易在距池底中心一定范围内沉积浓度升高。如果该区域的水动力条件足够,则有利于其在"通道涡原

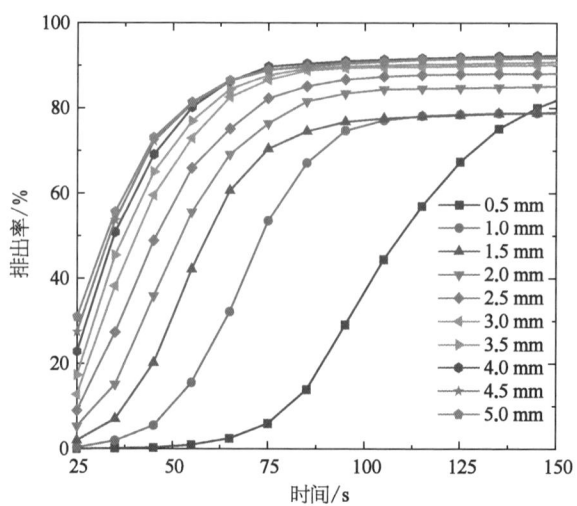

图 4-10 颗粒物在底流口的排出率

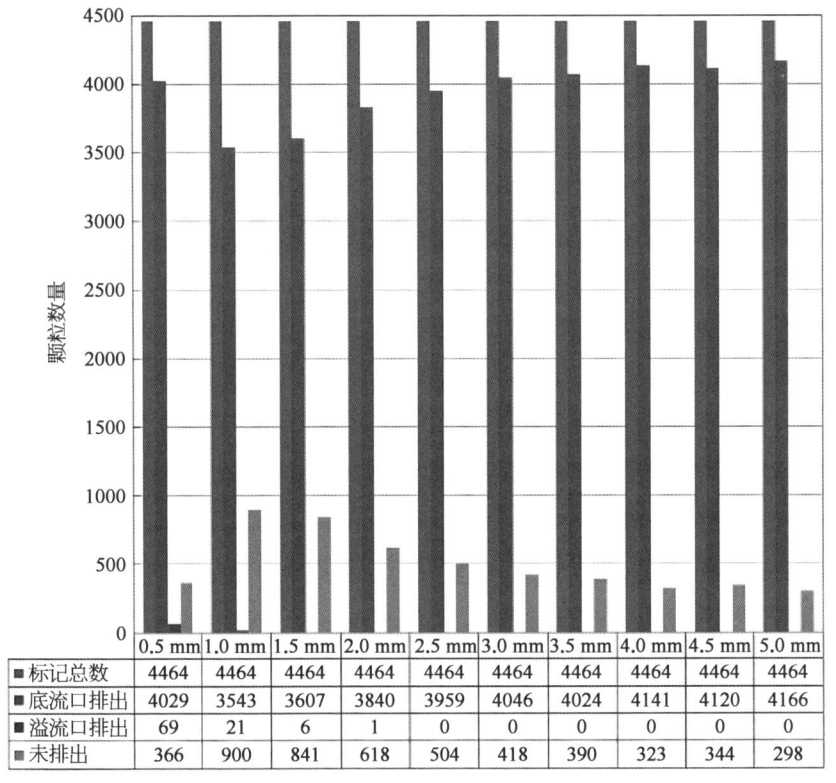

图4-11 不同粒径的颗粒物统计直方图

理"作用下从底流口排出。总体来看,该养殖池的进出水结构和流量条件对小粒径固体颗粒物(0.5 mm<d_p<2.0 mm)排出率的影响较显著,粒径越大,在底流口排出率达到峰值的时间越长,但对于大粒径固体颗粒物(d_p>2.0 mm)的排出率影响不大。

4.2 射流式进水管的布设位置

4.2.1 几何结构模型

养殖单元采用边长为10 m的方形圆角,圆角半径为2 m,池深为1.2 m。在养殖池中,常见的进水方式包括单进水管射入,如图4-12所示。研究人员在此基础上进行改进,设计出组合式弯管射入的方式,如图4-13所示。

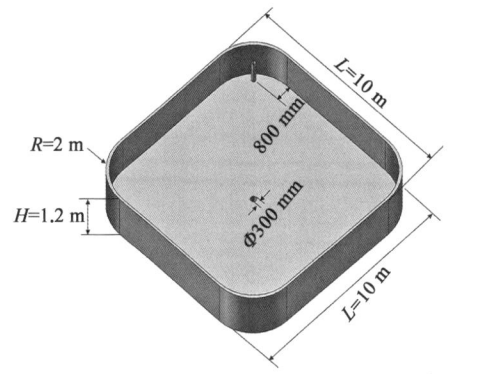
图 4-12 单进水管入射示意图

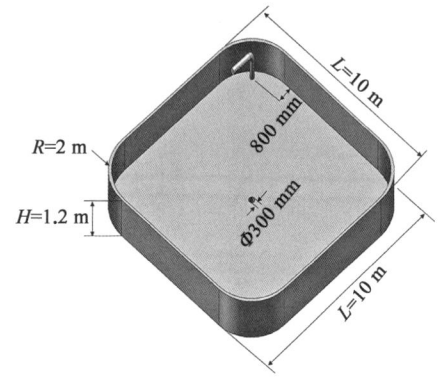
图 4-13 组合式弯管入射示意图

4.2.2 流速分布与涡流结构

1) 竖直单管射入的水动力特性

如图 4-14 和图 4-15 所示，分别为监测水平面的速度云图和养殖池内部的涡流图。在单个竖直管射入的情况下，监测平面的速度分布非常不均匀。养殖池内部在进水管及池壁附近均形成大量涡旋，这些涡旋之间的相互作用会影响它们的演化过程，并可能导致其相关性发生变化。一个较强的二次涡可以提供更好的混合效果，因为它能将不同的物质混合得更加均匀。相比之下，多个较小的低强度涡流可能由于影响力较分散，导致混合不够充分。鱼类在多涡旋的条件下生活并不容易，因为多涡旋会影响鱼类的游动，使其难以保持平衡和稳定的游动姿态。此外，二次涡的旋转也会产生一定的水动力效应，增加鱼类游动的阻力，使其消耗更多能量来维持游动，导致内部速度分布不均匀。同时，由于涡流与池壁的相互作用，几个涡丝结构从转角处被拉伸。这些涡丝沿切向速度方向延伸，并显示出接近涡柱的迹象，它们可能与池内其他涡旋结构相互作用，导致能量耗散。此外，养殖池内的过多涡流结构可能会超出鱼类的耐受范围，不利于鱼类的高效生长。

上述分析了单管进水模式下水动力特性存在的不足之处。接下来，将探讨组合式进水模式下的水动力特性，并进行比较研究，分别从养殖池阻力系数、流动均匀性指数、养殖池能量利用效率系数、弗劳德数及颗粒物去除效率等方面进行分析。通过比较不同的进水位置、入射间距和入射角度，可以确定最佳的设计参数。这些研究结果将有助于改进进水方式，提高水动力特性，并优化养殖池的运行效率和水质条件。

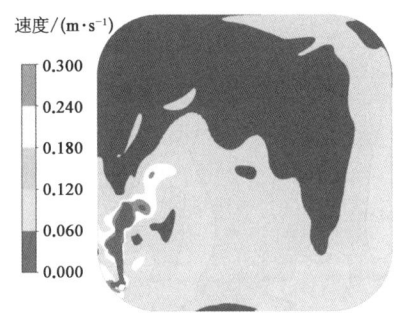
图4-14 监测水平面的速度云图

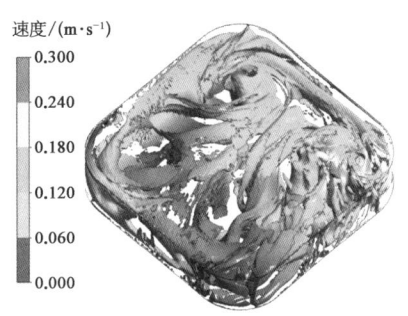
图4-15 养殖池内涡流图

2) 组合式管射入的水动力特性

进水口的设计和水流注入方向是决定圆形养殖池中速度分布和流型的主要因素[85]。在池塘养殖中,通常采用水平入射角度。这是因为水平入射角度可以更好地形成稳定的水流循环,增加水体中的氧气含量和混合程度,有利于水生生物的生长和繁殖。此外,水平入射角度还可以减少对底部沉积物的干扰,有利于保持水体的清洁度。因此,水平入射角度的方向问题一直是国内外学者研究的重点。养殖池的回转速度取决于水体的交换速率、入水孔的速度(受孔的数量、开口面积和流速影响)以及在流动入口结构处产生的流向[124]。在喷管直径不变的情况下,射流速度对水流速度具有线性影响,而入射流速可以通过维持稳定的压力差来保持恒定。在相同的池型下,养殖池的平均流速很大程度上取决于进水速度及进水管位置[38]。因此,针对组合式弯管的设计,研究人员探究了两种布置方案,方案一是将水流通过圆弧角处射入,而方案二是将水流通过池壁中心处射入,如图4-16所示。同时,考虑了不同孔距B(80 mm、100 mm、120 mm)和入射角度α(-10°、0°、10°、20°)对养殖池水动力学特性的影响,如图4-17、图4-18所示。

入口管设置为质量流量入口条件。在基本情况下,养殖池单元的平均水力停留时间为120 min,对应的入口质量流速13.65 kg/s,出口采用压力出口的方式。表4-2显示了数值计算模型的初始边界条件,同时建立了如图4-19所示的监测线和监测平面。

为了体现水平管与竖直管的综合影响,选取监测面5的速度云图,命名方式为"入射角度-入射间距-方案设计"。方案一布置时,养殖池监测面的速度云图如图4-20所示,内部涡流图如图4-21所示。

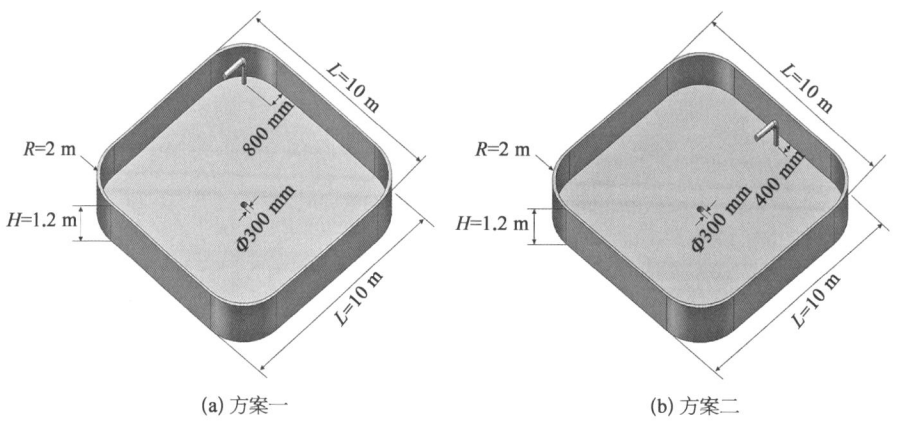

(a) 方案一　　　　　　　　　　　　　(b) 方案二

图 4-16　组合式弯管方案布置示意图

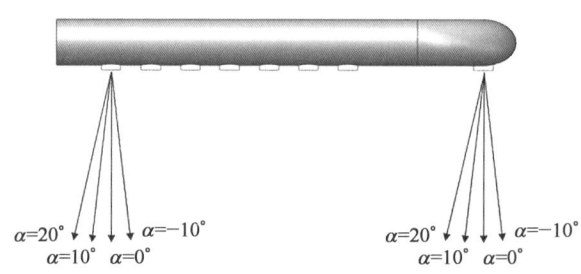

图 4-17　不同入射角度示意图

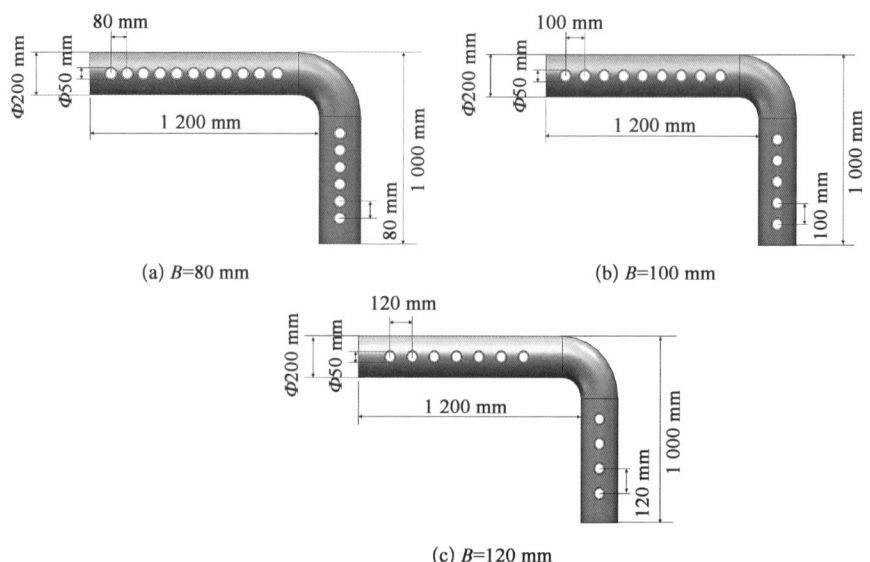

(a) B=80 mm　　　　　　　　　　(b) B=100 mm

(c) B=120 mm

图 4-18　不同入射间距示意图

表 4-2　计 算 参 数

属　性	数　值
流量入口　入射流量/(kg/s)	13.65
入射角度/(°)	$-10、0、10、20$
压力出口/Pa	1.01×10^5
固相颗粒物直径/mm	0.5
固相颗粒物密度/(kg/m^3)	1 050
固相动力黏度/(Pa/s)	0.004 6
液相密度/(kg/m^3)	1 000
液相动力黏度/(Pa/s)	0.001 003
养殖池底部壁面粗糙度/μm	0.001

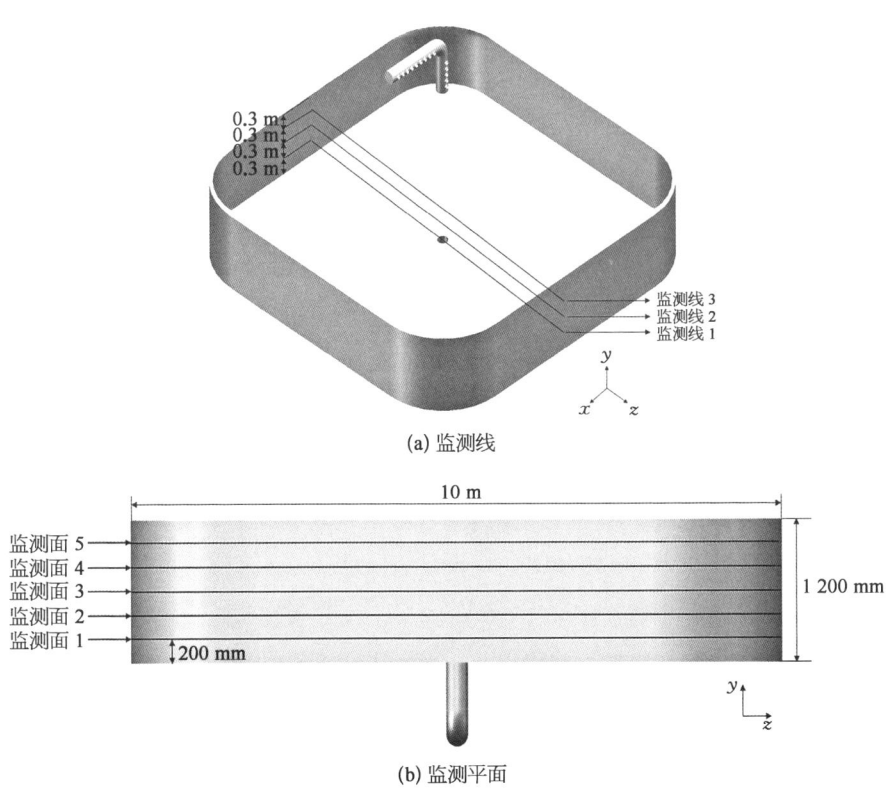

(a) 监测线

(b) 监测平面

图 4-19　监测线与监测平面示意图

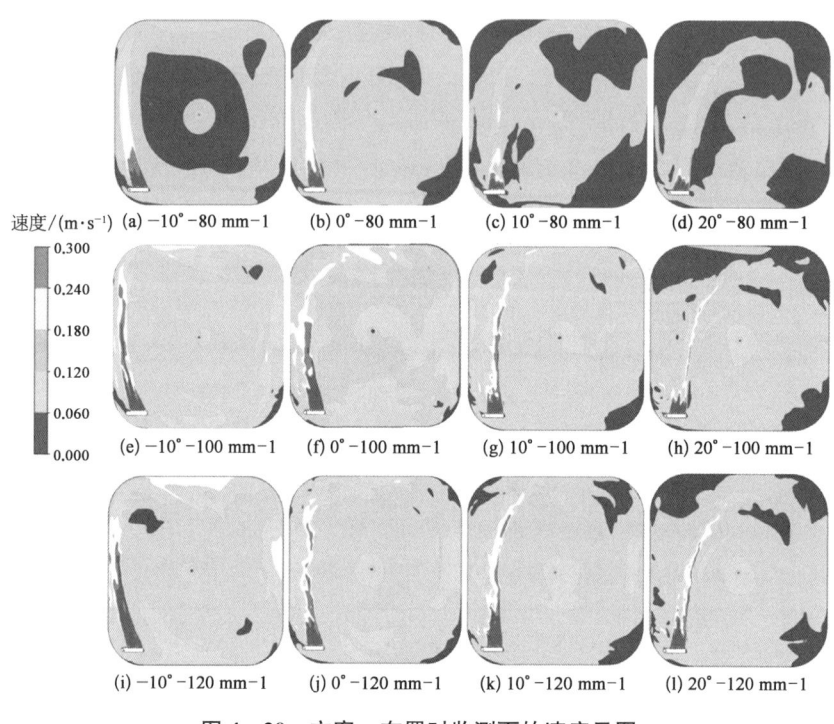

图 4-20 方案一布置时监测面的速度云图

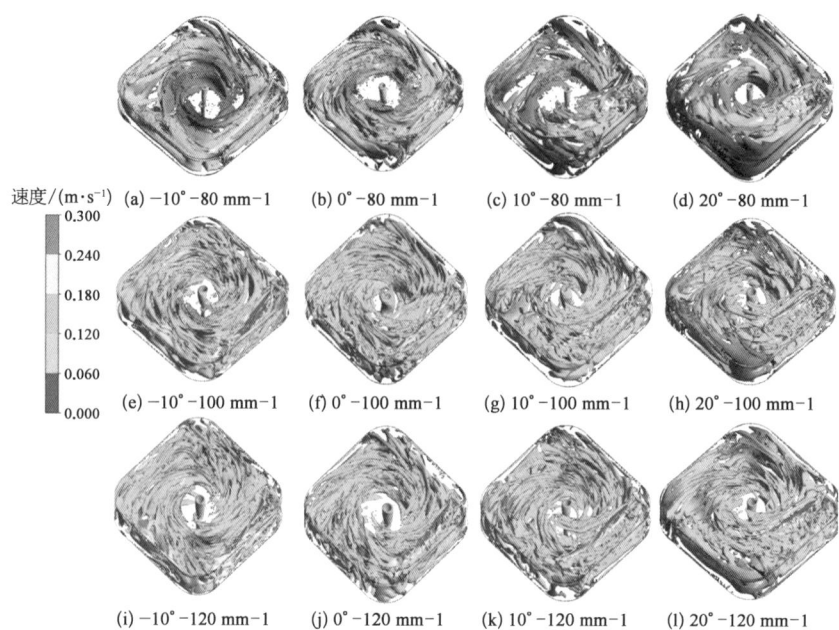

图 4-21 方案一布置时养殖池内的涡流图

由监测速度图和涡流图可知,在"0°-100 mm-1"布置下,养殖池内的速度分布较为均匀,不会形成较大的死水区,且养殖池侧壁存在一定的流速,有利于颗粒物的排出。当入射角度较小时,养殖池内的整体速度偏低。水流经过弧形转弯处时,由于几何形状的限制,受到弯曲管壁的摩擦力作用,导致水流速度减缓。当入射角度较大时,这种情况更加明显,使得正对入射管方向的池壁周围产生大量死水区。同时,入射角度过大会导致入射口射出的水体趋于向心转动,分流到进水管与养殖池池壁之间的流体平衡壁面摩擦消耗掉大量能量,用于维持该区域内流体质点间相互运动的能量较低,促使低流速紊流区的出现[125]。

图4-22和图4-23所示分别为方案二布置时的养殖池监测面速度云图和内部涡流图。当采用从池壁中间处射入时,与从弧壁处射入相比,养殖池内部出现了许多小的低流速区域。这使得密集的速度值在小范围内转变为闭环状态,从而产生较大的速度梯度,也导致养殖池内流动模式的无序性,使得内部流场变得紊乱。不同监测线上,组合式与单竖管入射方式下的速度分布如图4-24所示。

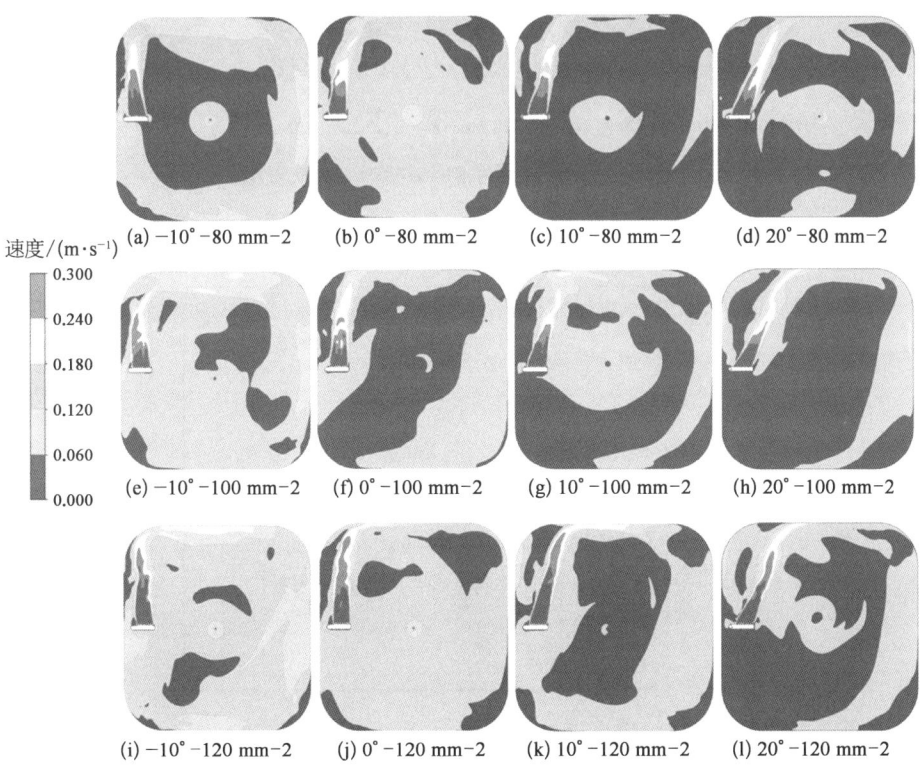

图4-22 方案二布置时监测面的速度云图

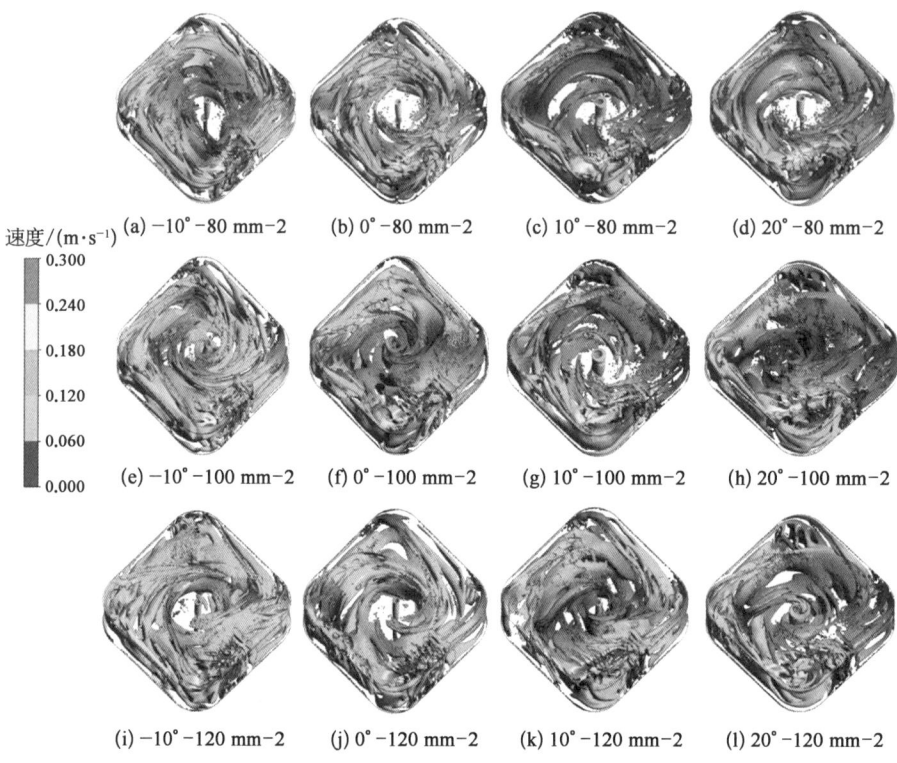

图 4-23 方案二布置时养殖池内的涡流图

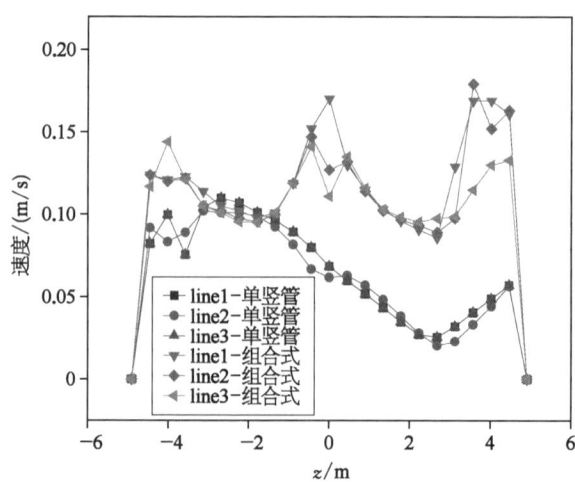

图 4-24 组合式方案($0°-100\ mm-1$)与单竖管入射方式下速度分布

无论是圆形还是八角形的养殖池,其水动力学特性都会受到不同几何形状、注入方式、自清理内部结构及鱼类生物量所产生的固有湍流和速度分布的影响。建议养殖池底部的水流速度保持在 15~30 cm/s,以防止生物固体和大多数饲料的积聚[67]。对于单管入射情况下来讲,水从养殖池周边引进,沿着池壁的切线方向,水体从进水管射入,相对速度比较大,经过养殖池内水体的缓冲、稀释,速度逐渐减小,造成养殖池速度分布很不均匀。

对于组合式入射情况而言,速度分布呈对称状态。池塘中央位置的水流速度通常比较快,这是因为池塘的形状设计和进出水口的位置设置可以在一定程度上控制水流的流向和速度。在池塘中心位置,水流可以通过较大的面积自由流动,而在池塘边缘或其他受限制的位置,水流受到阻碍,速度自然较慢。同时,进出水口的位置和尺寸也会对池塘中的水流速度产生影响。当 $z=0.3$ m 时,由于养殖池底流口结构的存在,容易在养殖池底部形成涡流,水体回转速度较大,因此造成监测线 1 的速度值较大。

4.2.3 水流均匀性指数

流动均匀性指数的高低对于养殖池中生物的生长和健康有着重要的影响。如果水流速度分布不均匀,将导致池塘中某些区域的水动力环境过于剧烈或过于缓慢,从而影响生物的生长和健康。因此,在设计和管理养殖池时,需要重视流动均匀性指数的影响,并采取相应的措施来改善水流速度的分布均匀程度。

由图 4-25 可以看出,水流均匀性指数从平面 1 到平面 5 呈现先增大后减小的趋势,说明养殖池中间位置的水流均匀性最好。方案一的流动均匀性指数

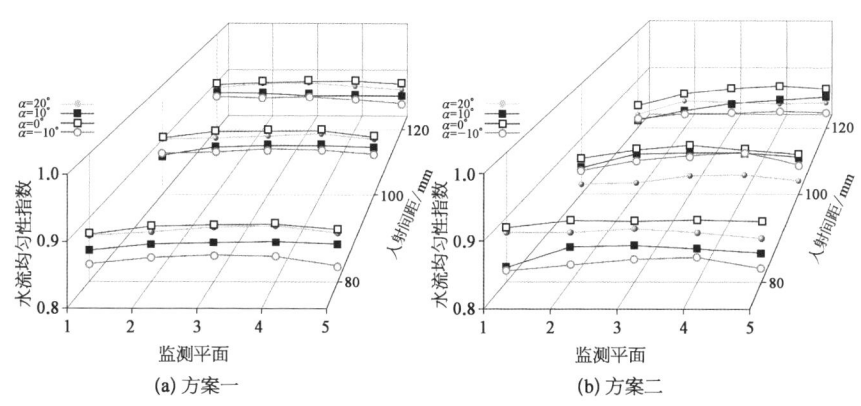

图 4-25 不同方案布置下监测面的水流均匀性指数

大于方案二的数值。对于方案一,水流均匀性指数在入射角度为0°时,入射孔间距为100 mm时值达到最大,水流均匀性达到最佳。

4.2.4 弗劳德数

描述鱼类生存条件的水动力学指标主要包括流速、水深、流速梯度、弗劳德数、水流均匀性指数等[73]。不同指标对鱼类的影响各不相同。其中,流速对鱼类的生长和繁殖具有重要影响,不同鱼类对流速的要求有所不同;水深是鱼类等水生生物生存空间的重要因素,它影响着鱼类的游动、栖息和寻找食物的能力;流速梯度描述了水流的剧烈程度和速度的空间分布;弗劳德数综合考虑了流速和水深对水流动力学特性的影响。弗劳德数越大,表示流速相对于水深的影响越显著,可能会产生湍流和剧烈的水动力效应。因此,在养殖池设计和管理中,需要注意这些指标对鱼类生存的影响,特别是要控制水流速度和梯度,以确保适宜的水流环境。同时,需要监测和维护池塘中的水动力学指标,保证它们在合适的范围内,以创造最佳的养殖环境。弗劳德数定义如下:

$$Fr = \frac{\bar{u}}{\sqrt{\bar{H}g}} \quad (4-2)$$

式中,$\bar{u}$为水流平均速度(m/s);g为重力加速度(m/s²);$\bar{H}$为平均水深(m)。

如图4-26所示,可知$Fr<1$,养殖池内的水流处于缓流状态,弗劳德数越小,说明水流受重力影响越大,适用于低速流动。养殖池内弗劳德数随着养

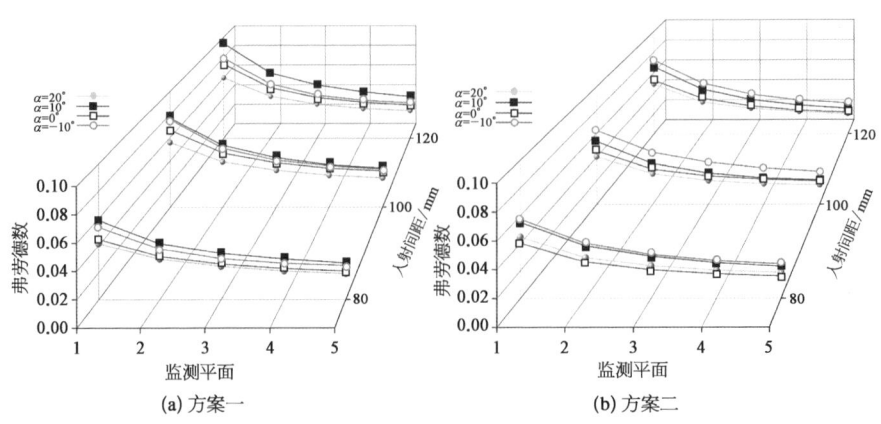

图4-26 不同方案布置下监测面的弗劳德数

殖池深度的增加而减小。方案一与方案二比较,均为当入射角度为 0°时,速度梯度变化较小,产生均匀的速度剖面。

4.2.5 水阻力系数

养殖池阻力系数(C_t)表征特定旋转流动的养殖池配置对水循环的阻力。C_t可用于评估水循环阻力与养殖池几何形状及进出口位置的关系,也可以表征具有旋转流动模式的特定容器配置对水循环的阻力[26]。

$$C_t = \frac{2Q(v_{in} - v_{avg})}{A v_{avg}^2} \quad (4-3)$$

式中,Q 为进水流量,单位为 m^3/s;v_{in} 为进水管的入射速度,单位为 m/s;v_{avg} 为养殖池内平均速度;A 为湿周,单位为 m^2,即养殖池壁面与水的接触面积。

$$V_{avg} = \frac{\sum V_i r_i}{\sum r_i} \quad (4-4)$$

在湍流状态下,养殖池水体循环总阻力 F_t:

$$F_t = C_t A \rho \left(\frac{v_{avg}^2}{2}\right) \quad (4-5)$$

由图 4-27 可以看出,方案一中的注水位置使养殖池的阻力系数明显低于方案二。在方案一中,养殖池的阻力系数在入射角度 $\alpha = -10°\sim 0°$ 时先降低,随后随着入射角度的增大而增加。当入射角度为 -10°时,入射管射出的水流与池壁发生猛烈碰撞,出现矩形养殖池中存在的反射现象。这种碰撞和反射伴随着较高的能量消耗,并且无法充分发挥圆弧池壁的导向特性,导致阻力系数较大。同时,当入射角度过大时,高速水流的轨迹变得分散,导致克服水体质点间的能量消耗增加,从而使养殖池系统内水体的平均流速较低,并且池内出现不同程度的低流速区和小漩涡区。

养殖池阻力系数 C_t 值对于调节池内所需的平均流速非常有用,养殖池的阻力系数主要取决于水体流动的复杂程度和水的黏性阻力。阻力系数的变化与流场的变化密切相关,并同时受到入射角度、水体流速、水的黏性阻力等多个因素的影响。当入射角度较小时,水体流动较为平缓,水的黏性阻力较小,阻力系数也相对较小;随着入射角度的增加,水体流动变得更加复杂,水的黏性阻力

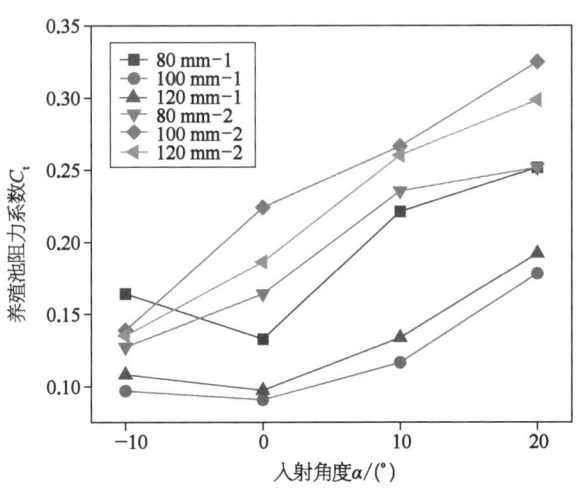

图4-27 不同方案布置下的养殖池阻力系数

增大,阻力系数也相应增加。然而,当入射角度进一步增加时,水流的速度和流向会有所调整,从而减少一些阻力,因此阻力系数会呈现先增加后减少的趋势。入射位置也可以影响养殖池的阻力系数。通常情况下,养殖池的阻力系数会随着入射位置的变化而改变。这是因为当水流靠近养殖池的边缘时,会发生流体动力学效应,导致阻力系数增加。因此,在设计养殖池时,需要考虑入射口的位置,以尽可能降低阻力系数。

圆弧引导水体转向的作用减弱,导致进水系统射出的高速水体与池侧壁直接碰撞逐渐变得剧烈,出现类似矩形养殖池的反射、折射现象。池内平均流速较高,而养殖池系统的阻力系数较小,适合养殖池系统构建和养殖生物流场水动力条件的综合需求。

4.2.6 能量利用效率

能量有效利用系数的值越高,表示系统中的水流能量利用越高效。这意味着水流能够更好地维持水体的运转和混合,提供更优质的养殖环境。通过优化养殖池的设计和管理,可以提高能量有效利用系数,从而提升养殖系统的效率和可持续性。

由图4-28和表4-3可知,养殖池能量的有效利用系数与入射角度有关。入射角度的改变会导致水流速度和水面流向的变化,从而影响能量的利用效率。

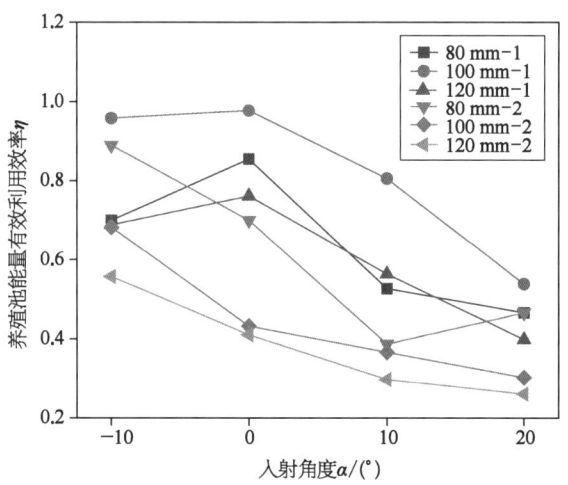

图 4-28　不同方案布置下的养殖池能量有效利用效率

表 4-3　不同方案布置下养殖池阻力系数、循环阻力、能量有效利用系数

方案设置	入射孔间距 D/mm	入射角度 α/(°)	养殖池阻力系数 C_t	水体循环总阻力 F_t	养殖池能量有效利用系数 η
方案一	80	−10	0.164 15	0.017 88	0.700 00
		0	0.132 89	0.017 68	0.854 59
		10	0.221 14	0.018 15	0.527 24
		20	0.251 53	0.018 25	0.466 17
	100	−10	0.096 98	0.021 30	0.957 72
		0	0.090 94	0.021 27	0.977 04
		10	0.116 61	0.021 53	0.805 28
		20	0.178 13	0.022 00	0.538 71
	120	−10	0.108 33	0.027 59	0.688 75
		0	0.097 45	0.027 44	0.761 28
		10	0.133 72	0.027 88	0.563 82
		20	0.192 11	0.028 32	0.398 61
方案二	80	−10	0.127 43	0.017 63	0.889 00
		0	0.164 15	0.017 88	0.700 00
		10	0.235 40	0.018 39	0.386 97
		20	0.251 53	0.018 25	0.466 17

续表

方案设置	入射孔间距 D/mm	入射角度 $\alpha/(°)$	养殖池阻力系数 C_t	水体循环总阻力 F_t	养殖池能量有效利用系数 η
方案二	100	−10	0.138 97	0.021 74	0.682 18
		0	0.224 11	0.022 22	0.432 47
		10	0.266 25	0.022 37	0.366 50
		20	0.324 84	0.022 53	0.302 53
	120	−10	0.135 31	0.027 90	0.557 51
		0	0.186 31	0.028 28	0.410 51
		10	0.260 11	0.028 63	0.297 66
		20	0.298 51	0.028 76	0.260 54

对于方案一，随着入射角度的增加，水流与池壁的接触角度减小，水流在池内的流动趋于平行，从而减小了阻力，提高了水流的速度和能量利用效率。然而，当入射角度过大时，流体会受到较大的阻力和摩擦力，形成漩涡和湍流，导致水流速度下降，能量利用效率也随之降低。因此，入射角度对能量利用效率的影响呈现出先增加后减少的趋势。在养殖池内，水流速度的快慢对能量利用效率有很大影响。然而，当入射角度过大时，会导致水流在池内形成较大的涡流，从而增加能量损失，降低能量利用效率。因此，随着入射角度的增加，能量利用效率先增加后减少，存在一个最优角度，可以最大化能量利用效率。

当采用方案二时，进水管位于池壁中心入射时，随着进水角度的增加，入射水流的速度逐渐增大，会形成一个向上的旋涡。在旋涡的作用下，养殖池中的水流变得更加复杂，涡流运动增强，阻力系数也随之增加。因此，当进水角度增大时，池壁中心处入射的阻力系数也会增加。在池壁圆弧处入射时，水流沿着池壁圆弧流动，随着入射角度的增加，水流的流向也随之变化。当入射角度较小时，水流更靠近池壁，流动速度较慢，因此池塘的阻力系数相对较小。然而，随着入射角度的增加，水流会离开池壁圆弧并向中央移动，此时流动速度加快，导致池塘阻力系数增加。因此，在池壁圆弧处入射时，养殖池阻力系数随着进水角度的增加先减小后增加。

高低速区域的混合程度较低，在方弧角水箱中，水与池壁在弧角处的相互作用较小，能量损失较少，速度变化不明显。水箱内的低速区域逐渐增大，水的规律性循环运动逐渐转变为小范围的无序运动状态。水体与池壁的碰撞，以及折射或反射的水粒子与池内有规律运动的水粒子的碰撞,都会产生较大的能量损失。这种现象容易发生在低速区域,从而降低池内水体的驱动力。

4.2.7 自净化效能分析

颗粒物的去除效率是评价养殖池净水性能的重要评估指标养殖池中颗粒物的行为是通过重力作用沉降至池底,然后随着底部水流流动至养殖池底部的集污口[119]。

在一个水力停留时间内,对比直径为 5 mm、密度为 1 050 kg/m³ 的颗粒物在不同工况下的排出数量,结果如图 4-29 所示。由图可知,方案一布置时,在入射角度为 0°和-10°时,颗粒物的排出数量占比最高。特别是在入射孔间距为 100 mm 时,除了 20°入射角度外,均能保持较高的颗粒物排除率。去除效果与之前分析的流场特性有较好的对应关系,即当流场均匀性良好、水循环阻力小时,颗粒物的排除比例增加;而当流场均匀性较差、水循环阻力大时,颗粒物容易聚集,排除比率降低。当养殖池内流场速度较低或存在"小范围多区域"的低流速紊流区域时,固体颗粒难以向底部中心的出水口移动,而是倾向于在低流速区域聚集,导致颗粒物排除率下降。水体旋转速度的加快也提高了颗粒物绕池中心的旋转速度,颗粒物到达池底后向底部出水口的移动速度也会加快,从而有利于颗粒物的排出。进水设计和流动注入方向是决定圆形池内速度分布和流动模式的主要参数。养殖池的池水混合效率在一定程度上取决于入射

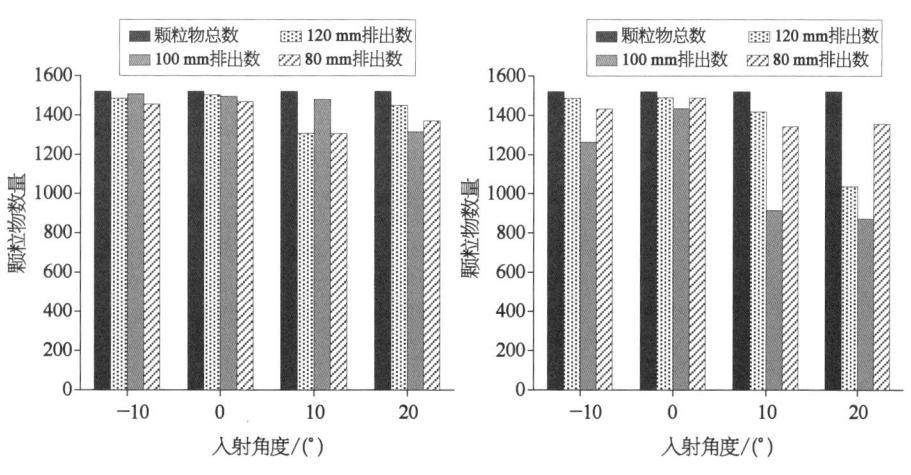

图 4-29 不同入射角度下颗粒物的排出数量对比

喷嘴的注入方向，内径向流沿着池底携带沉淀固体颗粒物至水池中心排放口，从而实现池底自净。

4.3 射流式进水管对集污水动力的影响

为了提高工厂化循环水养殖系统对进水管射流输入能量的利用率以及污水集聚的水动力特性，应用多相流理论和数值计算方法。在验证计算方法有效的基础上，研究了进水管数量和颗粒物的物理属性对方形圆角养殖池水动力特性及自净化效能的影响机制。主要研究结果如下：

(1) 在总流量不变的情况下，随着方形圆角养殖池弧壁进水管数量的减少，水力混合均匀性逐步提高。高速区和低速区的分布逐渐稳定，旋流速度显著加快，中心区域形成流速较高的环状流域，涡流和二次流强度增强，这更有利于固体颗粒物在底流口的集聚和排出。养殖池内横截面上的水流速度基本呈现"M"形对称分布特点，在距离养殖池壁面很小的范围内，水流速度达到峰值，然后随着距离池中心的距离增大而降低。当采用单进水管且质量流率增加到 24 kg/s 时，弧壁进水管的射流能量利用率提高，颗粒物在养殖池内的停留时间最短，累计排出率最高。从溢流口排出的颗粒物比例随着进水管数量的减少呈现出先增大后减小的趋势。在多进水管条件下，养殖池内的平均流速降低，对颗粒物产生的拖曳力减小，较大范围的低速混合区和紊乱的湍流效应使得颗粒物不易聚集和排出。

(2) 当颗粒物密度接近水的密度，即为 1 100 kg/m³ 时，颗粒物在养殖池的停留时间最长，溢流口的排出率最高，而底流口的排出率最低。密度为 1 300 kg/m³ 的颗粒物排出率最高，约 90% 的颗粒物由底流口排出。当颗粒物密度为 1 400～1 500 kg/m³ 时，颗粒物的停留时间缩短，累计排出率降低。粒径为 0.5 mm 的小颗粒在养殖池内的停留时间最长，随着粒径增大，停留时间缩短，但排出率基本保持不变。养殖池的进排水条件对小粒径固体颗粒物（0.5 mm < d_p < 2.0 mm）排出率的影响较为显著。随着粒径增大，颗粒物在底流口达到峰值排出率的时间越长，但对大粒径固体颗粒物（d_p > 2.0 mm）的排出率影响不大。

构建高效的循环水养殖系统需要综合考虑其内部流场的水动力特性以及不同养殖对象产生的固体颗粒的物理属性。改善流动均匀性并提供良好的水动力条件,有助于提高养殖池的集污自净化效能。本章研究了在进水管总流量不变的情况下,进水管数量与养殖池集污效能的关系。对于多进水管模式下,流量增加的比例与集污效能的关系有待进一步研究。

在低流量入射喷嘴中加入径向方向的喷嘴可以改善养殖池的整体水动力性能。因此,可以采用组合式管道的进水方式,实现水流的均匀混合,使水流沿着养殖池的深度和直径方向产生均匀的速度。在预防短循环流的同时,还可以提升养殖池的自净化效能。与单独采用竖直管入水方式相比,养殖池采用竖直管和水平管结合的入水方式具有以下优点:

(1) 均匀性更好:竖直管和水平管结合的入水方式可以将水流在不同方向上均匀地注入养殖池中,有效避免了水流在单一方向上集中,造成水流的不均匀和死角,使池内水质更加均匀。

(2) 水流速度更适宜:这种方式可以在水深较浅的情况下控制水流的速度,避免了水流速度过大或过小的情况,从而保证了养殖池内水流的合适性。

(3) 水质更加稳定:竖直管和水平管结合的入水方式可以有效减少水流冲击和搅拌带来的池底颗粒物悬浮和溶解氧的流失,从而使池内水质更加稳定。

总之,竖直管和水平管结合的入水方式在水质均匀性、水流速度、水质稳定性等方面,相较于单独采用竖直管入水方式更具优势,可以更好地维护养殖池内的水质和生态环境。准确的结构设计和操作参数的设定可以有效提高养殖池的性能。然而,最优的结构尺寸和操作参数的获取需要对养殖池内部的流体流动机理有更深刻的理解。完全依靠实验手段进行研究是比较困难的,需要消耗大量的人力、物力和财力,并需要克服研究周期长、费用高等一系列复杂的试验技术问题。

第 5 章

水车式增氧机对养殖池水动力特性的影响

在高密度养殖池中,水体的溶解氧含量需求极高。白天,虽然光合作用可以部分提供氧气,但到了晚上,除了水生生物自身的氧气消耗外,藻类植物的呼吸作用也会增加氧气的消耗。因此,为了提高水生生物的存活率,使用推水增氧装置以增加养殖池的溶解氧含量显得尤为必要。而增氧机的布设位置和角度成为影响其提供水动力效果的关键因素。水车式增氧机通过搅动水体表面的水,使其与空气接触,从而实现良好的增氧效果,并促进水体流动。这种机器具备增氧和集污的双重功能。然而,水车式增氧机的布设位置对养殖池整体循环产生影响,但目前养殖人员往往只能凭经验来确定其位置。目前建议将水车式增氧机放置在养殖池周围的池壁位置,以促进水流循环[62],其配置如图 5 - 1 所示。然而,如何正确地摆放增氧机以实现最佳的水流循环效果,目前尚未有详细的说明。水车式增氧机不仅具有成本低廉、维修方便的优点,还能在水流表面的平行方向进行曝气转动,并在垂直方向上带动下方水体向上移动,从而减少水体分层现象,使水流更加均匀混合。然而,过多地放置增氧机会增加电力费用,并且不正确的位置会限制增氧机的作用。因此,本章的主要研究目的是探讨增氧机的最佳摆放位置。

增氧推水装置的放置位置通常依赖于个人经验进行判断,其目的是使养殖池内的水流形成循环流动。水车式增氧机因其成本低廉、维修方便而被广泛使用。此外,Gorle[56]指出较大养殖池的设计应评估三维流动效果、速度及涡流动力学,良好的流场状态不仅包括足够的旋转速度,还包括主旋转流和二次流的适当混合,以确保所需的水质。

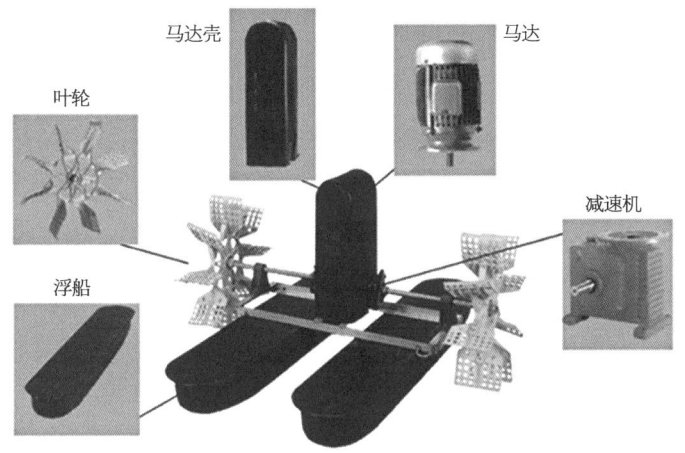

图 5-1 水车式增氧机实物图

5.1 数值模型

5.1.1 叶轮简化模型

由于水车式增氧机在工作时主要依靠叶轮带动周围水流进行搅动,因此可以将其模型简化为如图 5-2 所示,具体参数如图 5-3 所示。

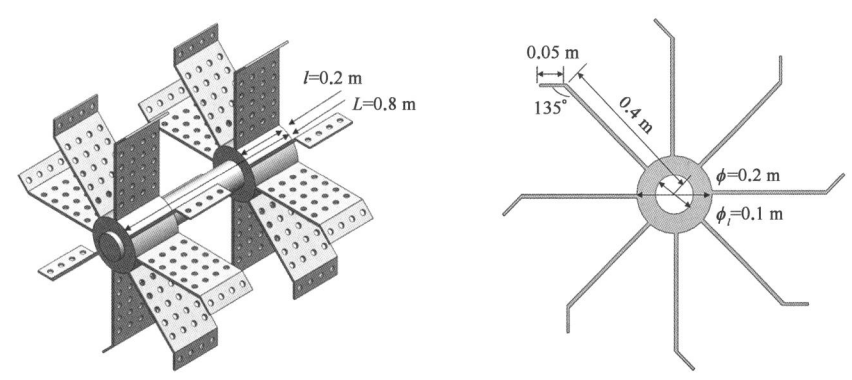

图 5-2 简化叶轮组合   图 5-3 简化叶轮结构参数

为了优化水车式增氧机的布置,以提升养殖池内的水动力效果,本研究设计了六种不同的配置方案,如图 5-4 所示。这些方案考虑了增氧机的摆放位置

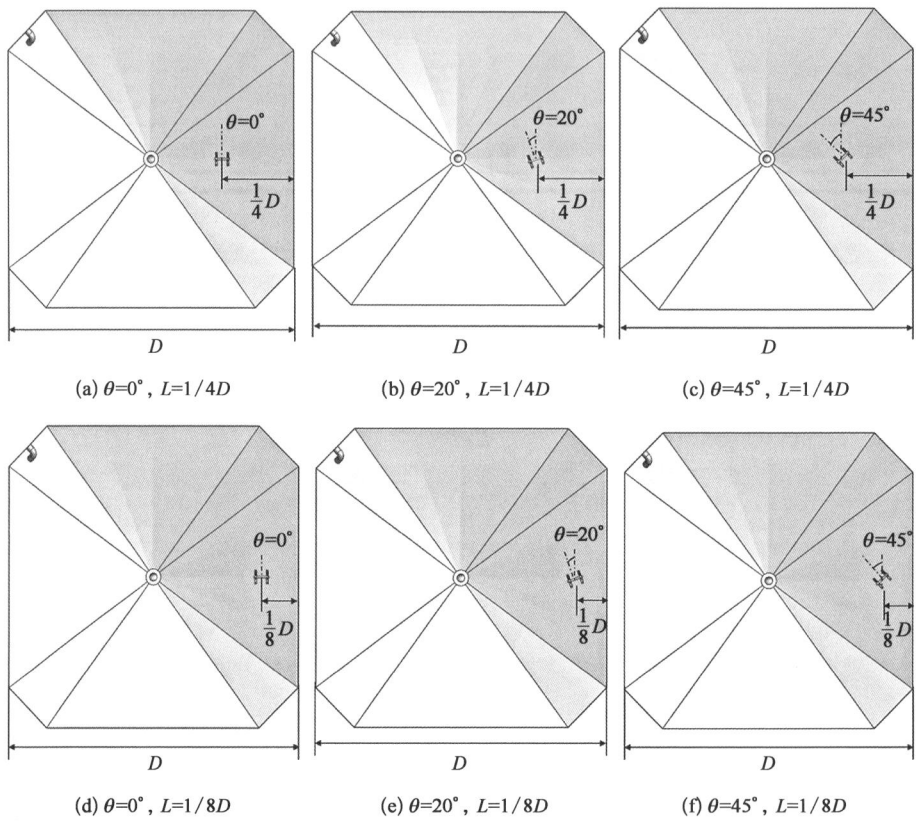

图 5-4 水车式增氧机的六种布置方案

与角度两个关键因素,具体包括三种摆放角度(0°、20°、45°)和两种摆放位置(距离池壁 1/4D 和 1/8D)。各方案的命名遵循"距离-角度"的格式,旨在系统评估这些变量组合对养殖池水动力学特性的影响,从而识别出最优的增氧机布置策略。增氧机与养殖池组合使用示意如图 5-5 所示。

5.1.2 方案设计

为深入研究不同养殖池内部的流场特性,本研究设定了两个垂直监测面:一是穿过池中心且与水车式增氧机平行的、位于 xOy 平面的监测面 Ⅰ;二是与 yOz 平面平行的监测面 Ⅱ。在这两个监测面上,分别在 0.2 m、1.0 m、1.8 m 的高度设置了速度监测线,命名为 Line 1~Line 6,以便对流场速度进行详细监测。此外,本研究还布置了五个平行于养殖池底部的水平监测面,这些监测面的高度依次为 0.3 m、0.6 m、0.9 m、1.2 m、1.5 m,旨在全方位捕捉养殖池内

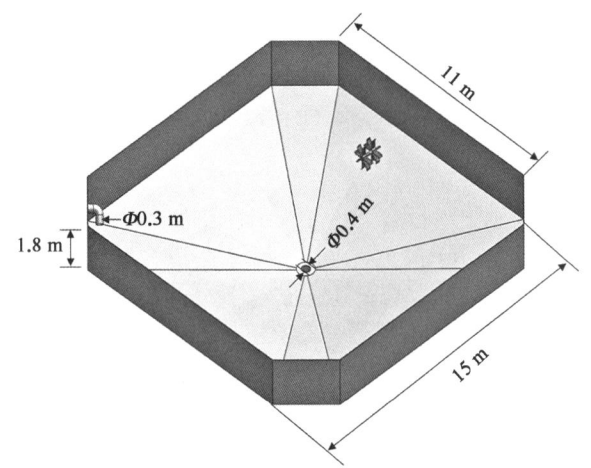

图 5-5　增氧机与养殖池组合使用示意图

流场的变化情况,如图 5-6 所示。此设置有助于全面了解养殖池内部流动特性,为进一步的流场分析提供了坚实的基础。其中,养殖池与增氧机叶片的结构参数见表 5-1。

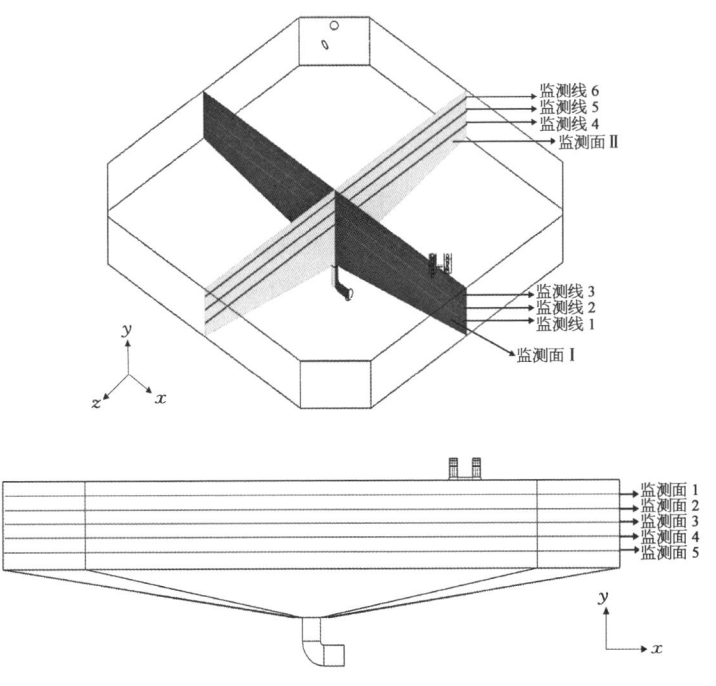

图 5-6　养殖池监测线与监测平面示意

表 5-1 养殖池与增氧机叶片结构参数

结构参数	数值
养殖池长度/m	15
养殖池宽度/m	15
养殖池切角半径/m	2
养殖池深度/m	1.8
养殖池底面坡度/(°)	8
进水管高度/m	1.5
进水管直径/m	0.3
叶片半径长度/m	0.4
叶片尾翼长度/m	0.05
出水口直径/m	0.4

5.1.3 边界条件

养殖池的入口设计为流量边界条件,用于设定水流速度和入口处的相关流动特性。对于出口,采用压力边界条件来描述水流的离开特性。此外,养殖池的水面被假定为无剪切或滑动速度,因此处理为自由边界。池壁和底部定义为壁面边界,通过使用标准的壁面函数来处理靠近壁面的流动,这一措施有助于提高模拟结果的准确性。相关计算参数详情见表 5-2,为数值模拟提供了必要的物理和数学基础。

表 5-2 仿真参数

物理参数	数值
入口质量流量/(kg/s)	7.8
入口喷射角度/(°)	45
叶轮转速/(r/min)	140
压力出口/Pa	1.01×10^5

续　表

物理参数	数　值
颗粒物喷射速度/(m/s)	0.1
颗粒物喷射数量	26 000
颗粒物尺寸/mm	5.00
颗粒物密度/(kg/m³)	1 050
颗粒物动力黏度/(Pa/s)	0.004 6
液体密度/(kg/m³)	1 000
液体动力黏度/(Pa/s)	0.001 003
循环水养殖池底壁粗糙度/μm	0.001
水力停留时间/min	210

5.1.4　网格模型

在本研究工作中，我们采用了多区域网格划分策略。初始步骤包括使用六面体网格对整个养殖池进行初步网格化，随后针对增氧机周边区域进行了网格细化处理，以提升模拟结果的精确度。图5-7所示为整体网格布局及其细化

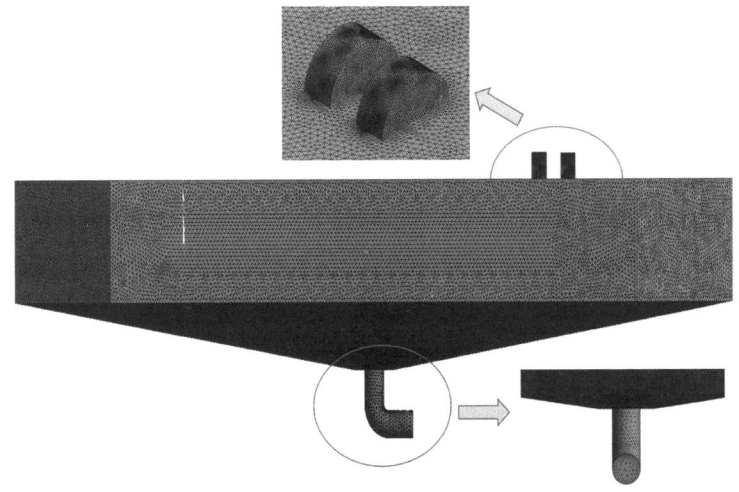

图5-7　养殖池网格模型

区域的示意图。我们还对网格的各项质量指标进行了详细评估。检查结果表明,98.5%的网格单元的纵横比小于3,95%的单元的偏斜度小于0.5,网格的平均正交质量达到了0.85。这些指标共同验证了所划分网格的高质量,确保其适用于后续的数值模拟研究。

5.2 结果分析

5.2.1 流动均匀性指数和平均速度

根据前文分析,养殖池中水流的均匀性指数与平均速度是评估水体环境质量的关键指标之一。通过对这些指标的监测,可以有效掌握养殖池内的水流动态,及时进行水体管理和调节,确保水中溶解氧、营养物质等关键因素的均匀分布,从而维护水质的稳定性。

本研究选择了五个等间距的监测平面,对六种不同方案下的流动均匀性指数及平面平均速度进行了详细分析,结果整理并展示,如图5-8所示。

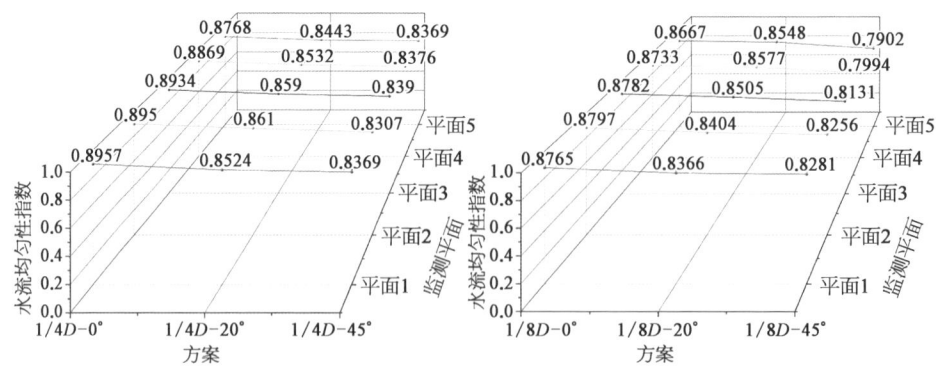

图5-8 不同方案布置下的水流均匀性指数

根据图5-9的分析结果,随着增氧机摆放角度的增加,养殖池平面的流动均匀性指数呈下降趋势,而平均速度则相应提高。特别是当增氧机摆放角度达到45°时,养殖池平面的平均速度达到最大值。然而,尽管较高的速度促进了水流动力,却也导致流动均匀性指数的下降,表明水流在养殖池中的分布不均。如果平均速度过低,可能导致养殖池水体中的氧气含量不足,影响鱼类的呼吸健康。水体中氧气的均匀分布依赖于水流的对流,速度过低则减少了对流强度,降低了氧气的传输效率和溶解率。此外,较慢的水流也可能导致废物和代谢产物在水中滞留时间过长,难以有效清除,从而增加水质污染的风险,进而影响鱼类的生长与健康。

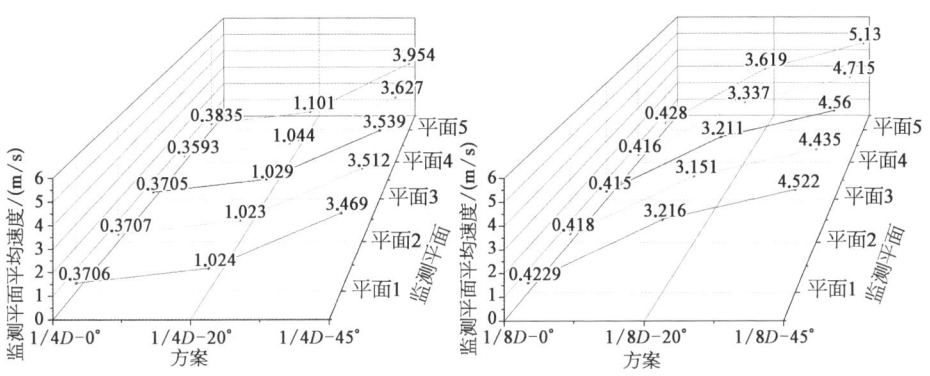

图 5-9 不同方案布置下的监测面平均速度

采用 1/4D 方案布置时,能够在提高平均速度的同时较好地维持水流均匀性指数,实现水质与水流动力的双重优化。因此,综合考虑各方面因素,最佳的增氧机布置策略推荐为 1/4D-45°,既能确保充足的氧气供应,又能保持较好的水体流动均匀性,有利于养殖环境的稳定与养殖鱼类的健康成长。

由图 5-10 可知,射流速度引起的水流旋转效应导致养殖池水体在外围速度较高而中心速度较低的分布特征。水车式增氧机的设计和运作在其周边区域产生湍流和涡流现象,这些现象增加了局部水体的阻力,从而加速了水流速度。此外,增氧机周围的壁面可能对水流构成阻碍,使得靠近壁面的水流速度有所提升。通过水车式增氧机的运动,机械能被转化为水体的动能,从而提升了周边水流的速度。

然而,关于养殖池内鱼类对水动力特性的影响研究尚处于初步阶段[3]。不同种类的鱼对水流的偏好不一,对水流速度和方向的适应能力各异。鱼类在养殖池中的活动也会影响水体混合情况,进一步影响溶解氧的分布状况。一般而言,养殖池中的最佳水流回转速度建议为每秒鱼身长度的 0.5~2.0 倍,这样的速度不仅有助于维持鱼类的正常呼吸,还能促进其肌肉增强[66]。当水车式增氧机采用 1/4D-45°的布置方式时,其性能在不同监测线之间的差异相对较小,能够确保大多数鱼类适宜的水流速度,为维持良好的水动力环境提供了有效途径。这种布置方式优化了水流的动力特性,有利于养殖池内鱼类的健康生长。

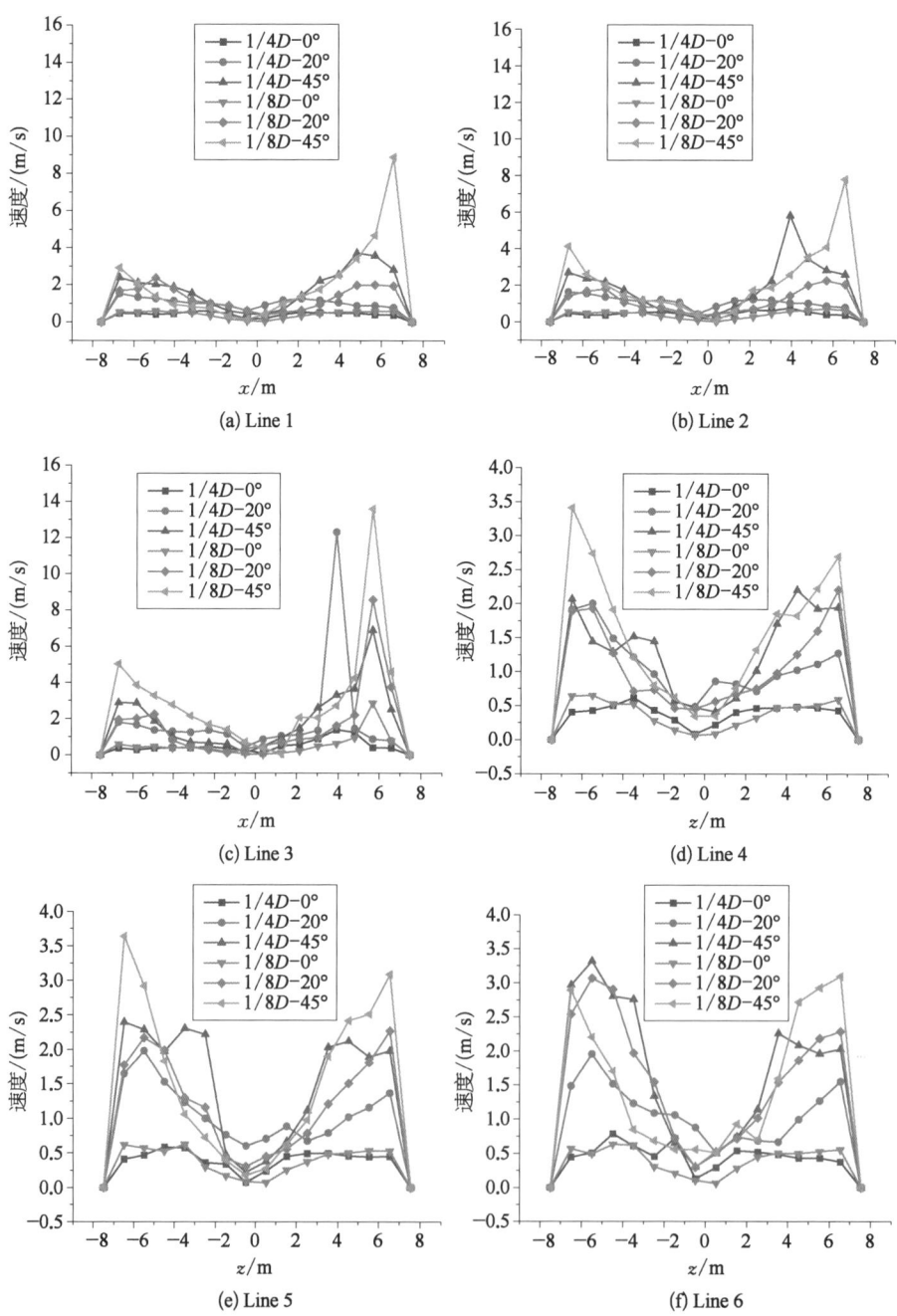

图 5-10 监测线上的速度分布

5.2.2 速度云图

速度云图是一种有效的工具,用于揭示养殖池内各个区域的水流速度分布特征。通过对速度云图的细致分析,可以准确识别水流的方向、具体速度数值以及流速分布的均匀程度,从而深入了解水体流动的综合特性。如图 5-11 所示为监测面 I 的速度云图:

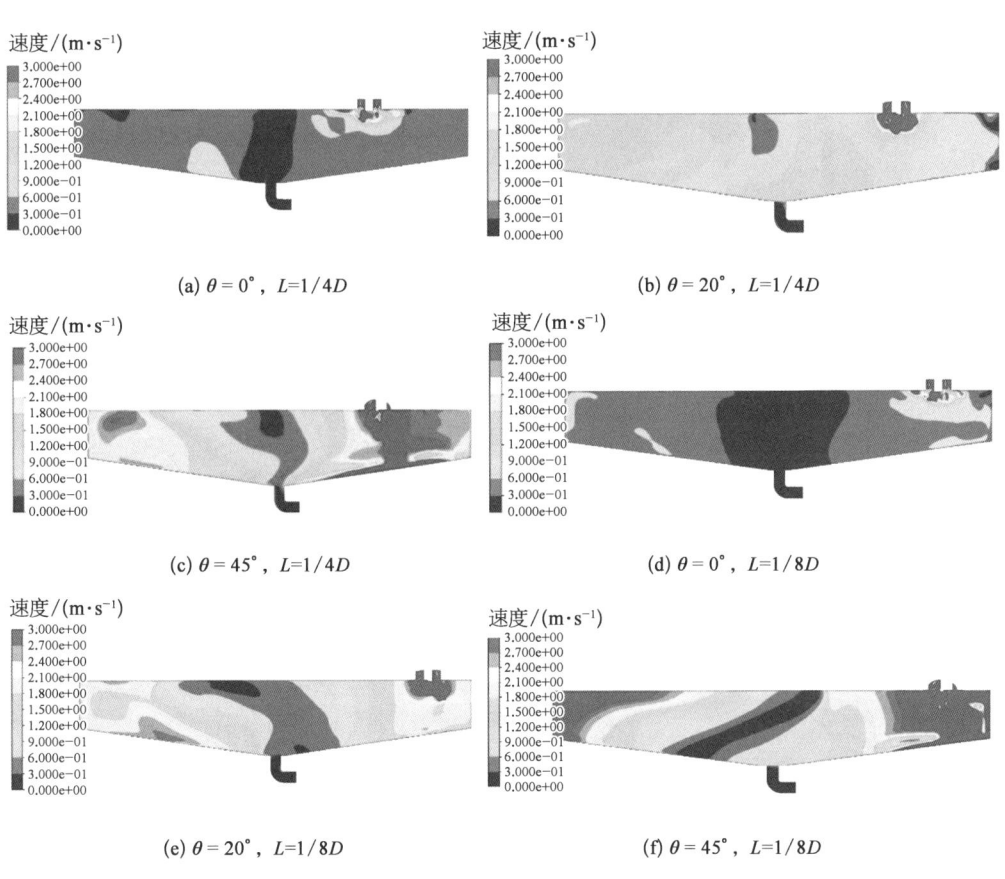

图 5-11 监测平面 I 的速度云图

在养殖池设计中,特别是在八边形养殖池的近角壁区域,存在形成死水区的可能性,即水流速度极低甚至趋于静止的区域。从图示分析可以看出,在 $\theta=0°$ 时,八边形养殖池近角壁区域的死水区最为显著。然而,随着角度 θ 的增加,这些近角壁区域的死水区有所减少,显示出随着 θ 值增大,死水区的面积逐渐缩小的趋势。当增氧机按照 $1/4D$ 且 $\theta=45°$ 的配置进行布置时,养殖池中心的低速流动区域相对较小,水流速度不仅较大,而且能够维持较为平稳的流动状态,从而有效减少死水区的形成,保证水体流动性,有利于养殖环境的水质稳定和养殖生物的健康成长。

图 5-12 所示为监测面 5 的速度云图。

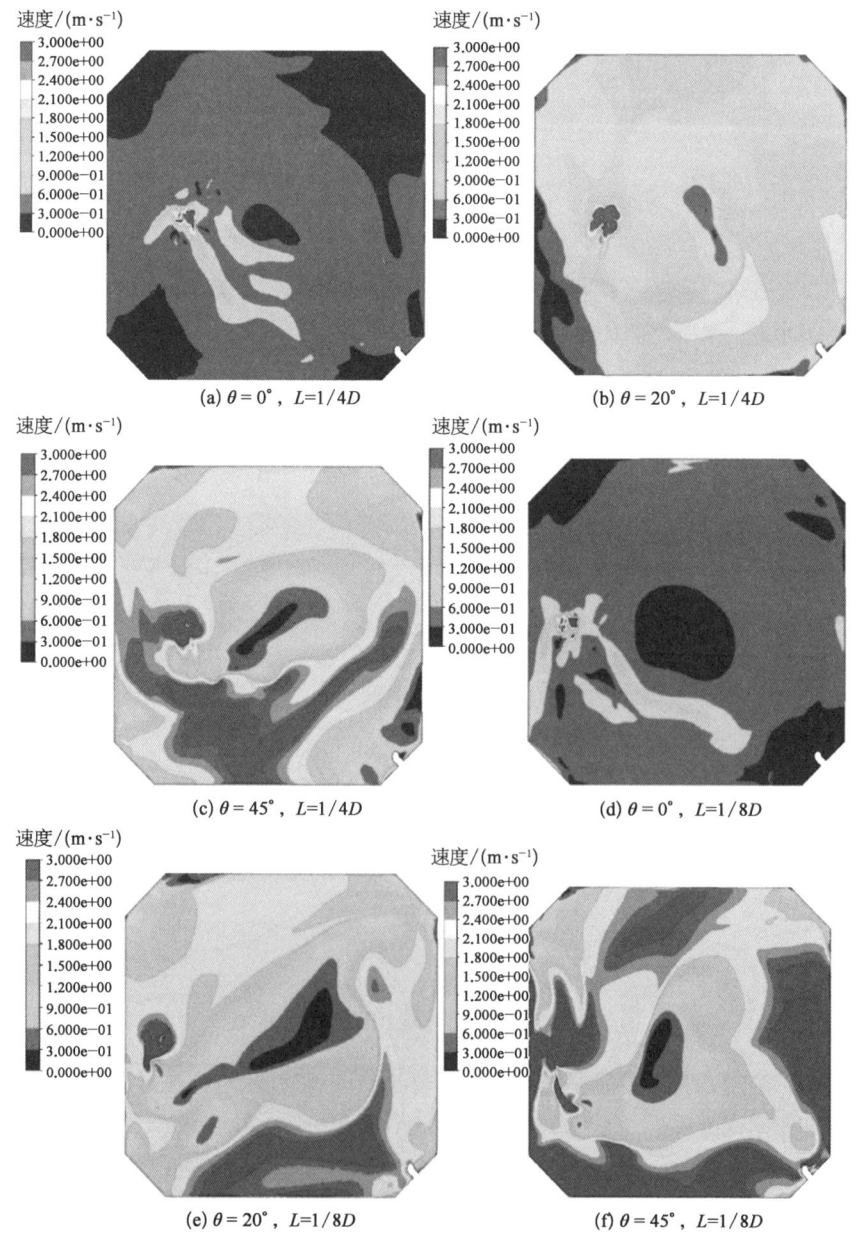

图 5-12 监测平面 5 的速度云图

由图 5-12 可知,在 $\theta=0°$ 的条件下,养殖池监测平面的整体流速相对较低,特别是在养殖池的切角部位,死水区的面积较大,显示出水流速度从养殖池边缘向中心逐渐降低的分布特性。在养殖池壁附近,水流速度达到最大值。这一现象可归因于养殖池边缘位置直接受到水流冲击,且在这些区域内水流遭遇的阻力相对较低。采用 $1/4D$ 的布置方案时,与 $1/8D$ 布置相比,这种配置有助于减缓过高的水流速度,从而优化水流分布,减少死水区的形成。这样的布置不仅有助于维持更加均衡和稳定的水流环境,而且通过降低极端高速区域的出现,为养殖生物提供一个更加适宜的生长环境,促进水质的稳定和养殖效率的提高。

5.2.3 速度流线图

流线图是描绘水体流动瞬态的重要工具,能够直观地反映养殖池中水流的路径和方向。通过分析流线图,可以深入理解水流的动态特征,包括流动的主要方向、速度分布以及流线的形状等。这种分析对于识别养殖池水体流动的关键特性极为有用,例如涡流的生成、流速的均匀性等。图 5-13 所示为监测面

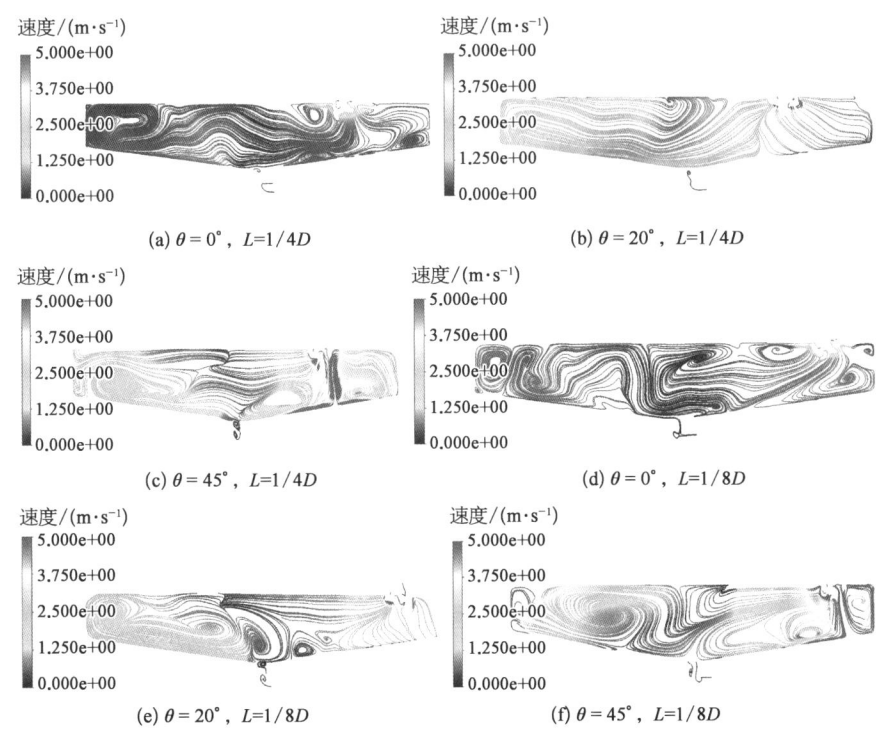

图 5-13 监测平面 I 的速度流线图

Ⅰ的速度流线图。

通过分析养殖池内的流动特性,我们发现,当增氧机的摆放角度调整至45°时,养殖池内部的水流中显著增多了二次涡流。这些二次涡流在促进池内固体颗粒物向下沉降至养殖池底部方面起到了关键作用。通过合理配置增氧机的位置,可以在养殖池底部创造出高速规律的水流,进而有效促进二次涡流的生成,大幅提升颗粒物的沉降效率。二次涡流的形成促使固体颗粒物向池底中心聚集,加速了颗粒沉降,有效清除水中的污染物,维护了水体的清洁度,从而显著提升了水质。

特别是在增氧机摆放角度为 $1/4D - 45°$ 的配置下,流线图揭示了增氧机周边水流速度的显著提高。因此,合理选择增氧机的摆放角度和位置,不仅能够提高池内固体颗粒物的沉降效率,还有助于整体水质的改善,为养殖生物营造一个更加优越的生长环境。

图 5-14 为养殖池整体的速度流线图。

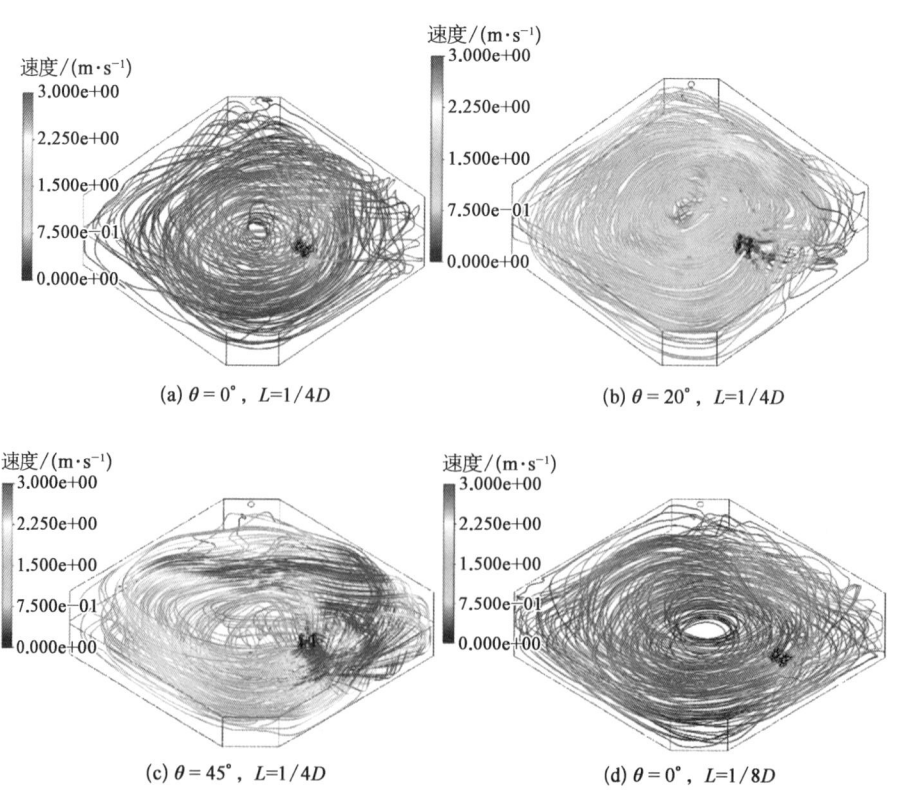

(a) $\theta = 0°$,$L=1/4D$
(b) $\theta = 20°$,$L=1/4D$
(c) $\theta = 45°$,$L=1/4D$
(d) $\theta = 0°$,$L=1/8D$

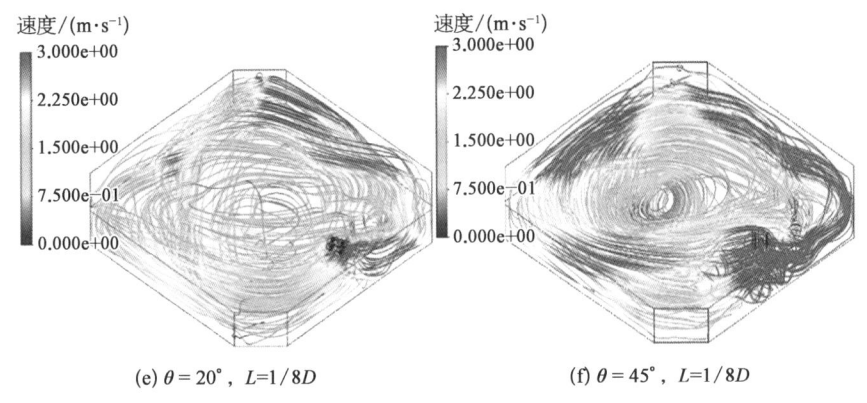

(e) $\theta=20°$，$L=1/8D$　　　　(f) $\theta=45°$，$L=1/8D$

图 5‑14　养殖池整体的速度流线图

随着增氧机摆放角度的增加，养殖池内的流动模式逐渐转变为围绕池中心的旋涡流动。这种旋涡流动模式对于促进养殖池水体的有效混合与循环至关重要，有助于实现水质的均匀分布和整体改善。特别是，当增氧机的摆放角度设定为 0°时，观察到养殖池内的整体流速偏低，且未能形成明显的旋涡流动。而将角度调整至 45°时，可以显著减少池中的紊流现象。

5.2.4　颗粒物轨迹与排出率

图 5‑15 展示了在数值模拟中，固体颗粒在 3.5 h 内的积聚与沉降行为的比较。通过分析颗粒物的运动轨迹，我们可以明显看到养殖池底面的坡度对颗粒物积聚和沉降规律有着显著影响。在底面坡度较大的区域，颗粒物倾向于沿坡度方向快速下沉，这导致颗粒物在底部形成明显的聚集区。特别是当增氧机的摆放角度设置为 45°，且距离为 1/4D 时，观察结果显示出流口附近颗粒物轨迹较为稀疏，表明此时颗粒物的去除效率较高。这说明，通过合理设置增氧机的摆放位置和角度，可以有效促进养殖池内固体颗粒物的沉降与排出，从而改善水质环境，为养殖生物提供更健康的生长条件。

将水车式增氧机靠近池壁放置能有效降低颗粒物排放率，其主要机制在于促进养殖池内水流的循环与混合。具体而言，当水车式增氧机位于池壁附近时，其运作产生的涡流与湍流能够将积聚在池底或池壁周围的颗粒物悬浮于水中，从而促使这些颗粒物更易于向养殖池的其他区域移动或通过排放口排出。因此，通过在靠近池壁的位置放置水车式增氧机，不仅可以改善养殖池的水动

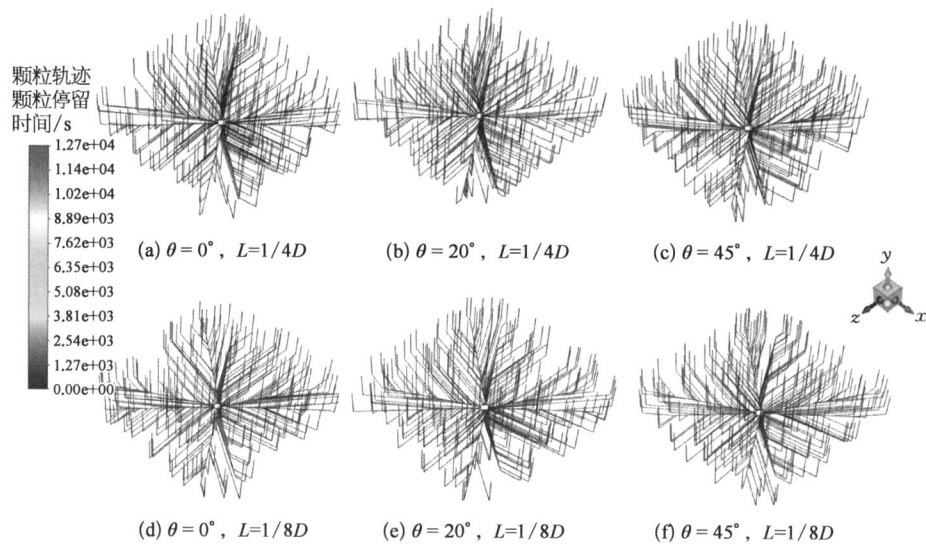

图 5‑15　不同方案下颗粒物轨迹示意图

力学特性,还能有效降低颗粒物排放率,对维持养殖池水质的清洁与稳定起到积极作用。由图 5‑16 可知,当增氧机的摆放角度设置为 45°,且距离为 1/4D 时,养殖池颗粒物排放率达到最大的 76%。

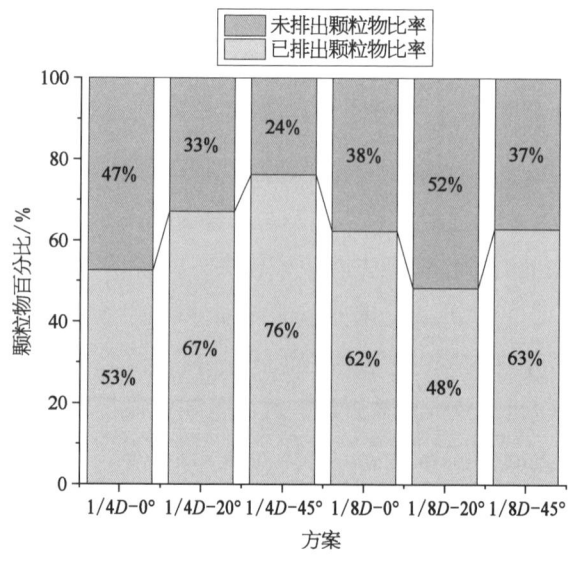

图 5‑16　不同方案下的颗粒物排出率

5.3 水车式增氧机对集污水动力的影响

在本章的研究中,我们重点探讨了在养殖池内安装水车式增氧机的影响,特别是其对水动力特性和颗粒物去除效率的作用。通过精心设计六种不同的水车式增氧机布置方案,涵盖各种摆放角度和位置,我们采用先进的 CFD 技术构建三维模型,模拟分析了养殖池内的水流动态。通过细致的数据分析,包括监测平面和监测线上的平均速度、流动均匀性指数,以及速度云图和流线图的视觉解读,我们对不同增氧机布置方案的水动力效果进行了全面评估,最终得出 1/4D - 45°为水车式增氧机的最佳摆放位置。此外,利用欧拉-拉格朗日多相流计算模型,我们深入研究了在单个水力停留周期内,不同粒径颗粒物的去除效率、运动轨迹和停留时间,从而洞察了水流中悬浮颗粒物的行为模式。这项工作不仅提供了对水车式增氧机布置优化的深刻见解,而且通过确保更高的溶解氧分布均匀性和颗粒物的有效排除,显著提升了养殖池的水质和生态环境。

第 6 章

底流口导流盘对养殖池水动力特性的影响

在实际应用中,循环水养殖系统的排污方式主要有三种:一是虹吸式,但只能吸走中下层浊水,对池底污染物难以彻底去除;二是自吸式,但自吸泵的功耗大,吸污效果不理想;三是大换水,这也是目前最普及的方法,即在投饲后不久拔掉养殖池外部排水的插拔管,将养殖池的水基本排掉,从而达到去除养殖池中固体颗粒的目的,但水资源浪费严重。因此,设计有利于颗粒物在养殖池底流口积聚的集污装置是提高排出率的关键。循环水养殖系统双通道排水方式能显著降低固体颗粒物对水质的影响,同时减轻对后续自动过滤器的负荷[55]。在排水系统中还存在多种类型的集污装置,如集污碗式、圆盘式和转子式等。但是,关于对比各类底流口集排污装置的养殖池水动力性能的研究未见报道,集排污装置的几何结构对颗粒物集聚效应、分布比例和排出率的影响机制尚不明确。

因此,本章研究了一种位于底流口上方的圆形导流盘结构。该结构首先在 Lunde 的专利中提及,如图 6-1 所示,其作用是加速颗粒进入排水管,提高颗粒去除效率,并防止鱼类误入排水管。Labatut 团队在矩形混合养殖池中采用了这种结构,如图 6-2 所示,其直径比例(导流盘直径:养殖池宽度)为 0.11,高度为 25 mm。他们认为该结构迫使水流流线与池底平行并朝向中心排水管,从而有助于固体颗粒的排放。然而,文献中关于导流盘对水流及颗粒运动影响的分析很少,且并未比较其他尺寸导流盘的效果。

本章将通过分析不同水力停留时间下,不同粒径颗粒物的去除效率及停留时间,对比确定最有利于颗粒物聚集与排出的导流盘尺寸范围。同时,通过分析不同导流盘尺寸下养殖池水体的速度分布及底流口附近水流的速度矢量分布,以进一步探究该结构对水流及颗粒物运动的影响机制。此外,本章还将以带有底面坡度的八边形循环水养殖池为研究对象,探讨导流盘的几何参数和位

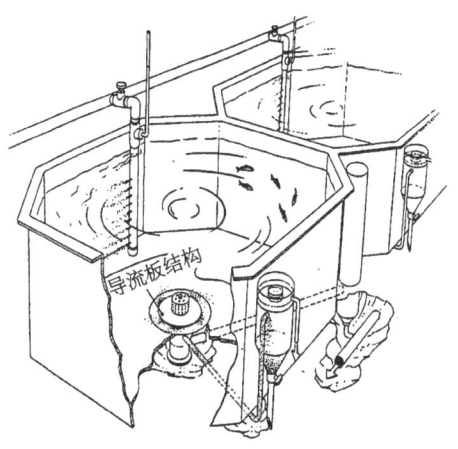

图 6-1 Lunde 专利中导流板结构图　　图 6-2 Labatut 等研究中采用的导流板结构

置对流速分布、涡量强度、壁面剪切应力和水体混合均匀性等水动力特性的影响。通过系统分析，揭示导流盘对水流和颗粒物运动的影响机制，并探讨其在不同池型结构下的作用差异。

6.1 导流盘结构对集污水动力特性影响

6.1.1 结构模型

本章研究中采用的双通道养殖池模型结构如图 6-3 所示。图 6-3a 所示为养殖池的俯视图，图 6-3b 所示为图 6-3a 所示方向的剖视图。养殖池的径深比(直径：深度)为 3∶1，池型为正八边形，对边宽度为 3 m。圆形导流板固定在位于池中心的溢流管壁上，进水管位于池中心右上方，进水管上的喷嘴顶部距进水管中心的距离为 80 mm，喷嘴方向与最右侧池壁平行(图 6-3a)。如图 6-3b 所示，溢流管高度为 795 mm，内径为 75 mm；底流管内径从 120 mm过渡到 75 mm；进水管底部距离池底 55 mm，内径为 95 mm；进水管上共分布10 个喷嘴，喷嘴中心间距为 80 mm，最底部喷嘴中心距进水管底部 20 mm。养殖池壁厚、底流管壁厚和导流板厚度均为 10 mm，溢流管壁厚为 5 mm，进水管壁厚为 2.5 mm，喷嘴壁厚为 3 mm，这些厚度未在图中标出。

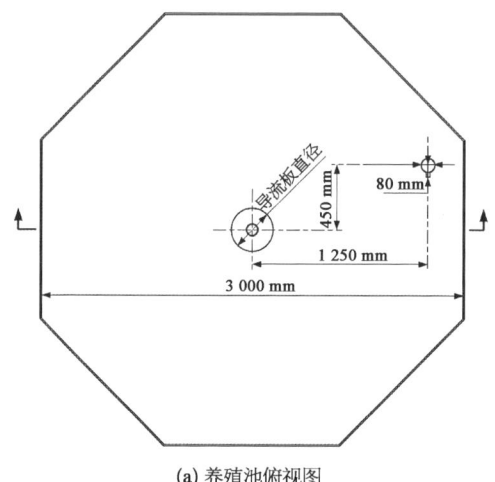

(a) 养殖池俯视图

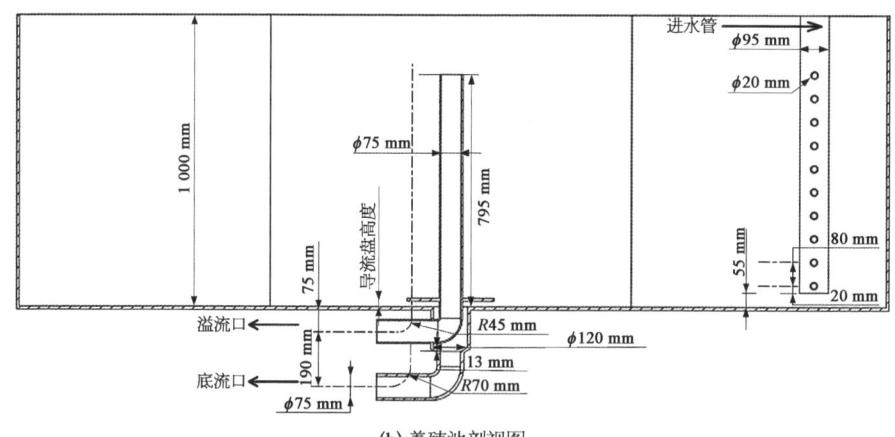

(b) 养殖池剖视图

图 6-3 养殖池模型图

通过改变导流板直径比例(导流板直径与养殖池宽度的比例)及高度,共设计出 23 个养殖池模型,编号从"模型 1"到"模型 23"。具体尺寸见表 6-1。

表 6-1 不同导流盘的养殖池结构模型

高度/mm	直径比例				
	0	0.040	0.067	0.100	0.133
0	模型 1				
5		模型 2	模型 3	模型 4	模型 5

续 表

高度/mm	直径比例				
	0	0.040	0.067	0.100	0.133
10		模型 6	模型 7	模型 8	模型 9
20		模型 10	模型 11	模型 12	模型 13
30		模型 14	模型 15	模型 16	模型 17
40		模型 18	模型 19	模型 20	模型 21
60				模型 22	模型 23

当导流板距离池底较远时,小直径的导流板对出水口附近流场的影响很小,对颗粒物的促进作用可以忽略。因此,未将高度为 60 mm 时小直径导流板的养殖池模型计算结果纳入文中。

6.1.2 计算方法参数

本章采用了可实现的 k-ε 湍流方程来模拟流体运动,使用基于压力耦合的 SIMPLE 算法。湍流动能和湍流耗散率采用一阶迎风格式。水体交换率固定为每 35 min 1 次(即水力停留时间为 35 min)。因此,将入水口设置为流量入口,流量为 3.55 kg/s。根据第 2 章的公式,计算得出湍流强度为 4.154%,水力直径为 0.095 m。两个出水口设置为出流边界,溢流口与底流口的出流比固定为 0.8∶0.2。养殖池壁面和管道壁面设置为固体无滑移壁面,水面设置为对称边界条件。

应用 DPM 模型模拟颗粒废物在水中的运动轨迹,考虑虚拟质量力、萨夫曼升力和压力梯度力。在连续相流场求解收敛后,从水面投放颗粒物,初始速度设为 0.01 m/s。根据水产养殖废物的特性,将颗粒密度设置为 1 050 kg/m³,由于这些养殖废物的粒径范围较大,从 0.01 mm 到 3 mm 不等,本研究选择三种粒径的颗粒(10 μm、0.5 mm、2 mm)来分析养殖废物的运动规律,并将颗粒物简化为刚性球形。颗粒数量在 4 057~4 081 个。将溢流口和底流口设置为颗粒逃逸边界,其他边界为反射边界。

6.1.3 导流盘直径对流场特性的影响

为分析导流盘尺寸对流场及颗粒物运动的影响机制,以养殖池底面中心为

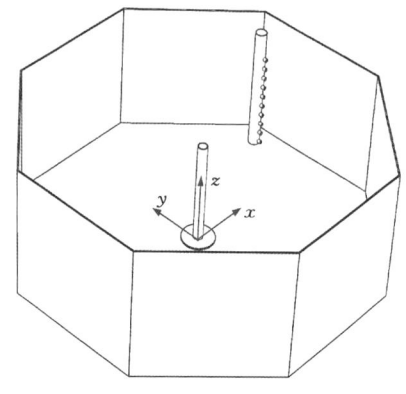

图 6-4 养殖池中坐标系示意图

坐标原点建立三维坐标系,如图 6-4 所示。通过设置监测线和监测面,分析不同导流盘尺寸的养殖池中监测线上的速度分布以及监测面上的速度云图和速度矢量图。

首先,将导流板高度固定在 30 mm,分析导流板直径变化对养殖池底部速度分布的影响。图 6-5 展示了不同导流板直径的养殖池模型中,在 Oxz 坐标平面上平行于 x 轴的监测线上的速度分布曲线,这些监测线距离池底 10 mm。由图可知,随着导流板直径的增大,养殖池外围底部的水流速度总体上先略微减小,当直径比例达到 0.133 时,总体速度增大,甚至超过无导流板的模型 1。除池壁附近由于湍流黏度导致的水速极低外,从池外围到池中心,水速基本呈现先减小后增大的趋势。其中,导流板直径越大,水速在池中心附近的增长趋势越明显,开始增长的点与导流板直径有关。这一现象解释了后续小节 6.2.5 中"随着导流板直径增加,被排出部分的大粒径颗粒物的平均停留时间略微减少"的结果。

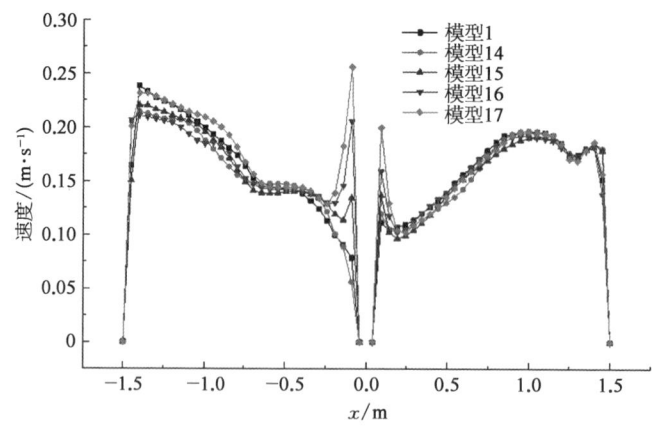

图 6-5 导流板高度为 30 mm 时,不同导流板直径模型的监测线上的速度分布

由于进水管绕池中心分布不对称(只有一个),水体并不严格围绕池中心旋转,会在底流口的一侧产生低速回旋区,如图 6-6a 所示。当导流板高度为 30 mm 时,观察不同导流板直径的养殖池中 $z=10$ mm 水平面的速度云图(图 6-6),发现养殖池底部水体的速度变化不明显,但水体旋转中心即低速回

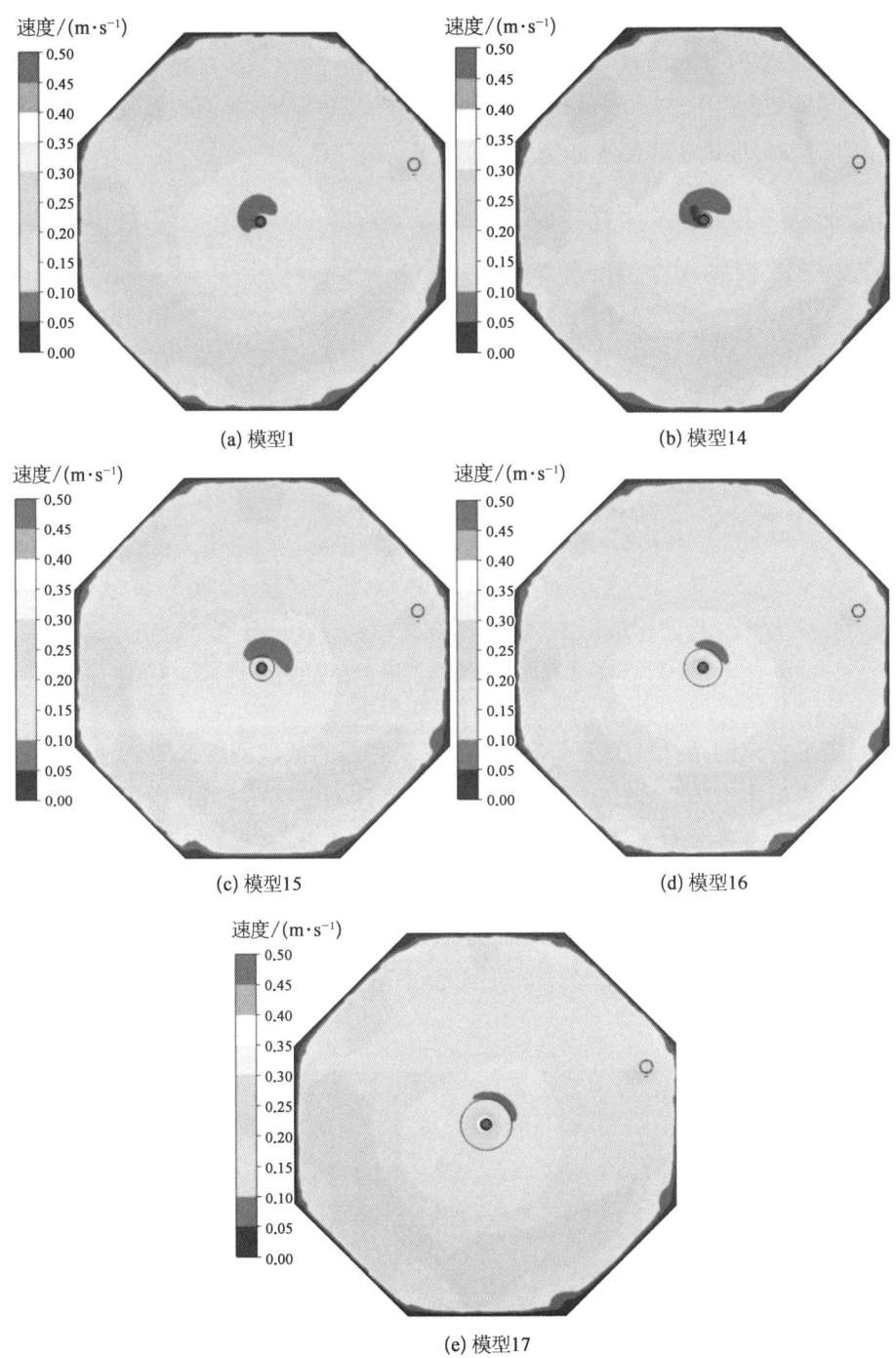

图 6-6 导流板高度为 30 mm 时,不同导流盘直径的养殖池中 $z=10$ mm 水平面的速度云图

旋区的位置和面积发生了变化。随着导流板直径增大,低速回旋区距离池中心越远,位置顺时针转动,且该水平面的低速回旋区面积减小。结合图 6-7(模型 1 与模型 15 中 $z=10$ mm 水平面的流线图)可以说明,导流板在加速其下方水流的同时,促进了底部水体绕池中心旋转。

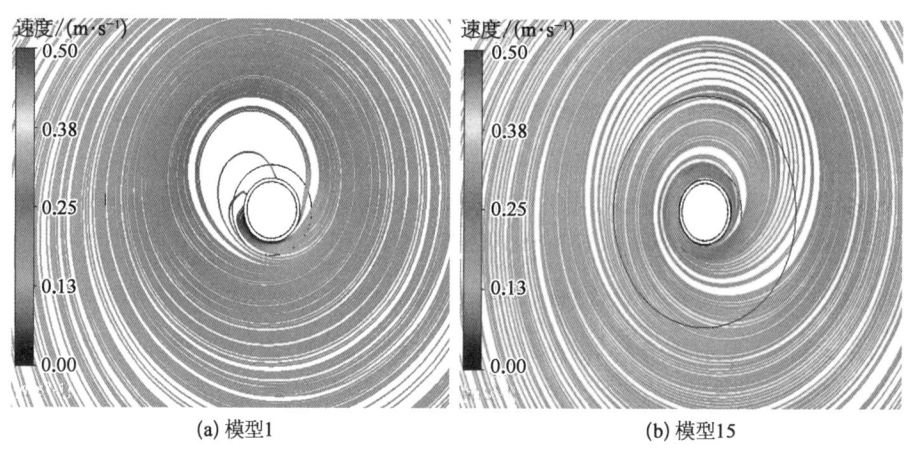

图 6-7　有导流板和无导流板的养殖池中 $z=10$ mm 水平面的流线图

需要补充的是:大直径导流板的存在使底部的低速回旋区距离池中心更远。如果池中水体的旋转速度不足,会扩大低速回旋区的面积,质量较大的大粒径颗粒一旦进入该区域就很难离开,容易滞留在此,从而产生不良影响。因此,在实际应用中应充分考虑水体的旋转速度。然而,导流板仅提高了池底部分的水体速度,减小了附近区域的低速回旋区面积,对养殖池整体水流速度并无增加作用,甚至可能降低整体水流速度,如图 6-8 所示。

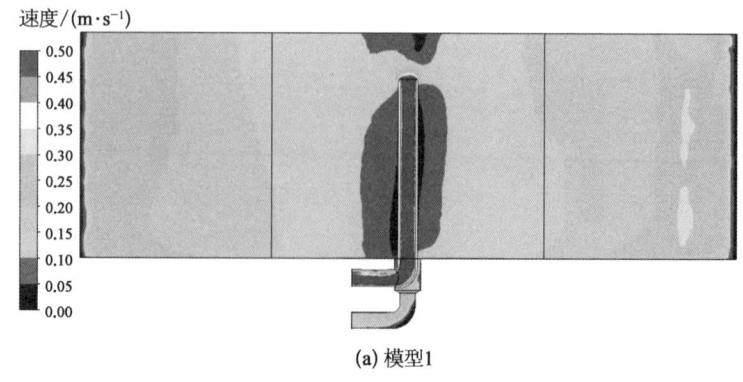

(a) 模型1

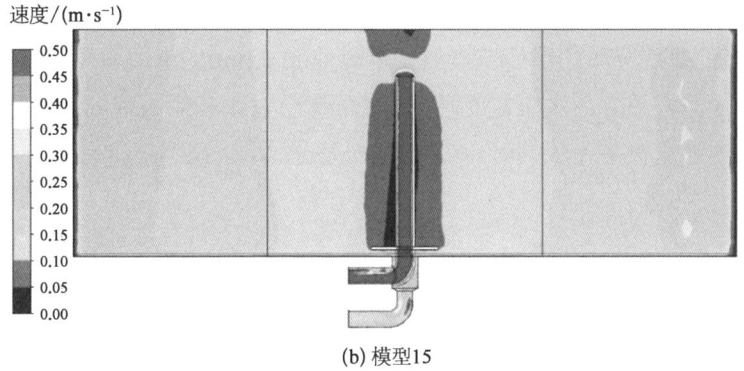

(b) 模型15

图6-8 有导流盘和无导流盘的养殖池中 Oxz 坐标平面上的速度云图

为证明导流盘结构使得养殖池整体水流速度有所下降,将导流盘高度固定在30 mm。在不同导流盘直径比例下,养殖池水流速度的平均值如图6-9所示。图中显示,随着导流盘直径比例的增加,养殖池水流速度的平均值逐渐降低。这说明导流盘的影响范围远远大于养殖池底部及底流口区域的流场。

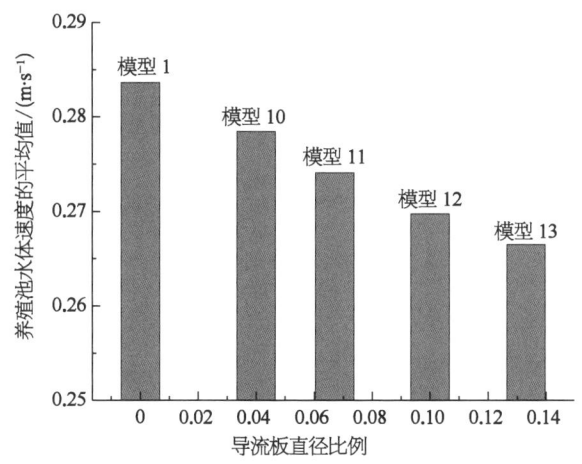

图6-9 导流板高度为30 mm时,不同导流板直径比例下养殖池水体速度的平均值

6.1.4 导流盘高度对流场特性的影响

将导流板直径比例固定为0.100,分析导流板高度变化对流场特性的影响。

图 6-10 展示了不同导流板高度下,养殖池中 Oxz 坐标平面上平行于 x 轴的监测线上的速度分布曲线。该监测线距离池底 3 mm。由图可见,导流板越接近池底,导流板下方的水流速度越快,而养殖池底部其他区域的水流速度变化不明显;当导流板高度较高时,其对养殖池底部水流的影响减弱。

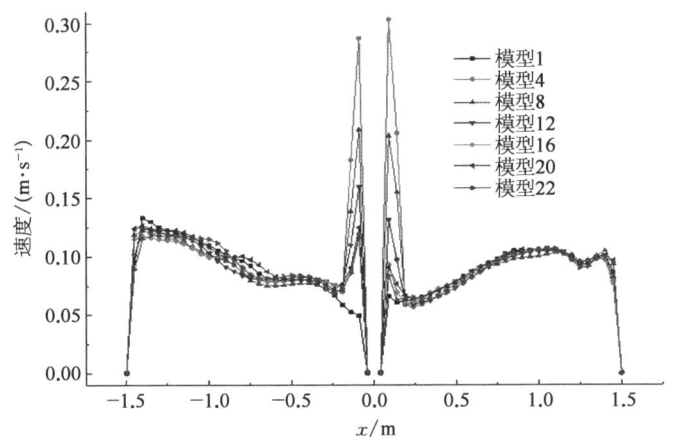

图 6-10 导流板直径比例为 0.100 时,不同导流板高度下养殖池监测线上的速度分布

将导流板直径比例固定为 0.100,得到的不同导流板高度下养殖池水体速度的平均值如图 6-11 所示。导流板高度越小,对养殖池水体速度的减小作用

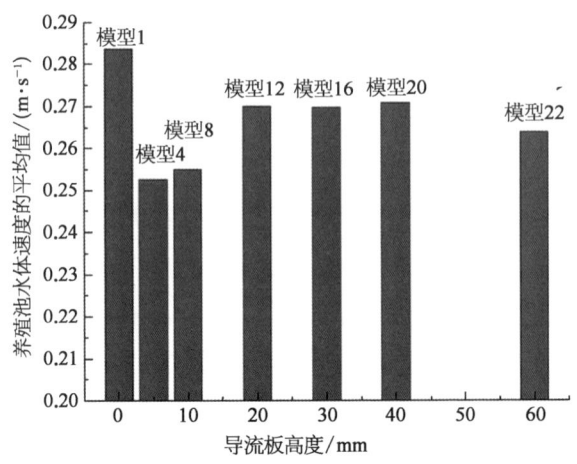

图 6-11 导流板直径比例为 0.100 时,不同导流板高度下养殖池水体速度的平均值

越明显。随着导流板高度的增加,养殖池中水体速度的平均值先减小后增大。当导流板高度较大时,该结构对养殖池流场的影响减弱。图 6-11 中,模型 16 的表现证明将导流板高度设置为 30 mm 是比较合理的。

6.1.5 导流盘对水流及颗粒物运动的影响机制

为分析导流板对水流运动的影响机制,本文展示了养殖池 Oxz 坐标平面上导流板附近的速度矢量,如图 6-12 所示。可以发现,在模型 1 中,底流口上方的水流速度矢量在 z 轴负方向上的分量较大;而在模型 15 中,向下的水流被导流板阻挡,消耗了部分动能,并使水流改变方向,朝负 x 轴偏 z 轴的方向运动。在此过程中,水流与养殖池中其他部分水体碰撞,消耗了整个养殖水体的动能。然而,导流板的存在相当于减小了底流过流面积。由于底流口的流量不变,导流板下方的水流速度必然增大,图 6-12a 和图 6-12b 更清晰地表现了这一现象。

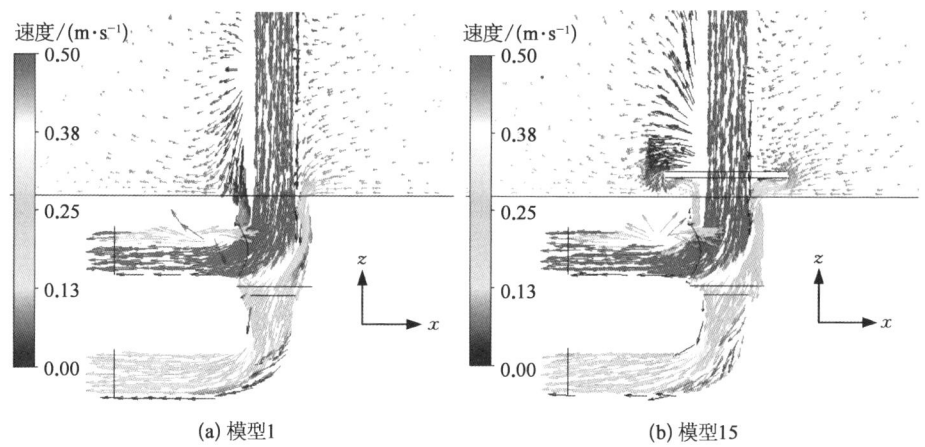

(a) 模型1　　　　　　　　　(b) 模型15

图 6-12　有导流板和无导流板的两个养殖池中 Oxz 坐标平面的速度矢量图

值得注意的是,比较图 6-13a 和图 6-13b,底流管内的速度也有所增大。由于流量不变,底流管内沿 z 轴负方向的总速度没有变化,因此,增加的这部分速度应为绕底流管中心的顺时针旋转速度(从 z 轴负方向看)。这种现象可以在图 6-14 中水体在 Oxz 坐标平面上 y 轴正方向的速度云图中观察到。

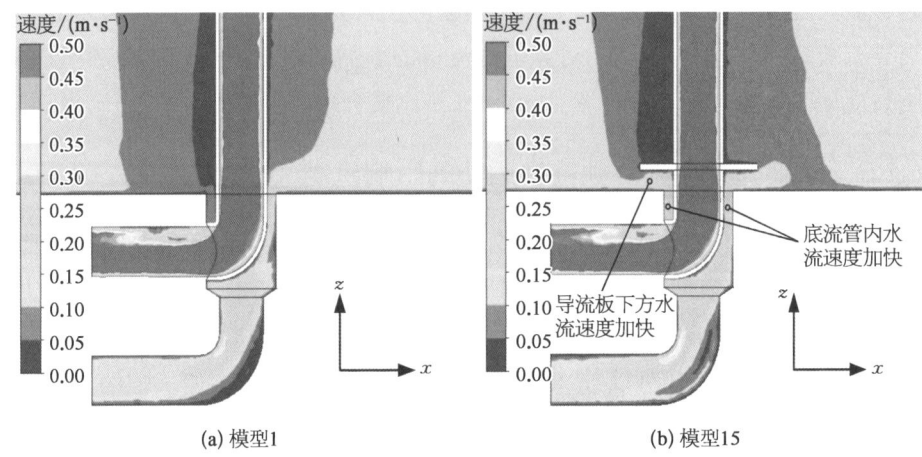

图 6-13 无导流板和有导流板的两个养殖池中 Oxz 坐标平面的速度云图

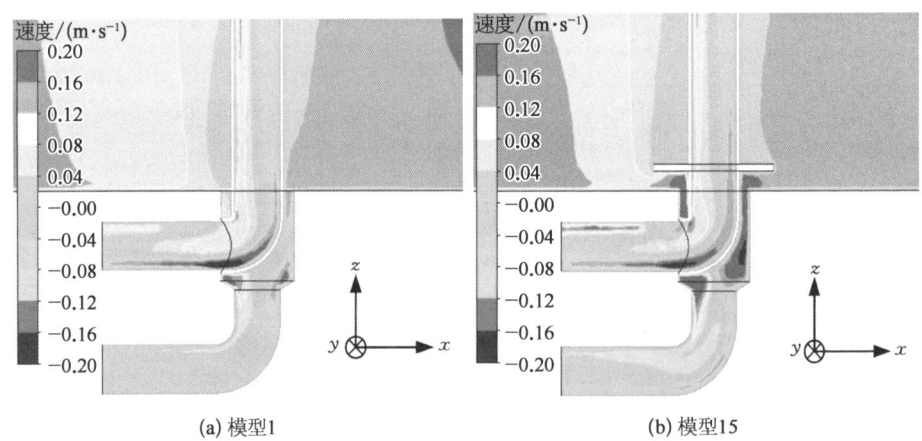

图 6-14 无导流板和有导流板的两个养殖池中 Oxz 坐标平面 y 方向的速度云图

6.1.6 导流盘直径对颗粒去除率及去除效率的影响

图 6-15~图 6-20(堆叠柱状图)展示了三种不同尺度颗粒物(10 μm、0.5 mm、2 mm)在 1 个和 10 个水力停留时间内的分布情况,以及在将近 6 h 的 10 个水力停留时间内排出部分颗粒物在养殖池内停留的平均时间。

底流口上方无导流盘的养殖池(模型 1)相比于其他模型,0.5 mm 的颗粒物和 2 mm 颗粒物的去除率较高;然而,10 μm 颗粒物在 10 个水力停留时间内的去除比例偏低,但效率差异不明显。2 mm 颗粒物的去除比例不如模型 2、3、

6、7、10、11 等带有小直径导流板的养殖池。此外,模型 1 中排出的颗粒物在池中的停留时间较长,几乎是其他模型的两倍。

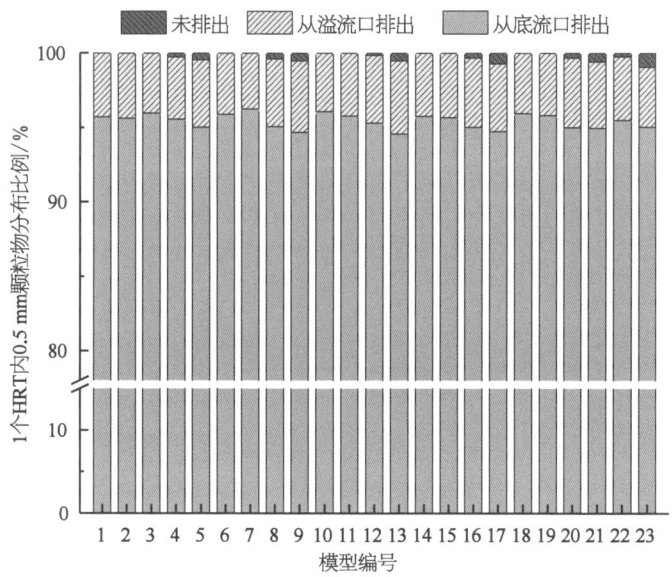

图 6-15　1 个 HRT 下 0.5 mm 颗粒物分布比例

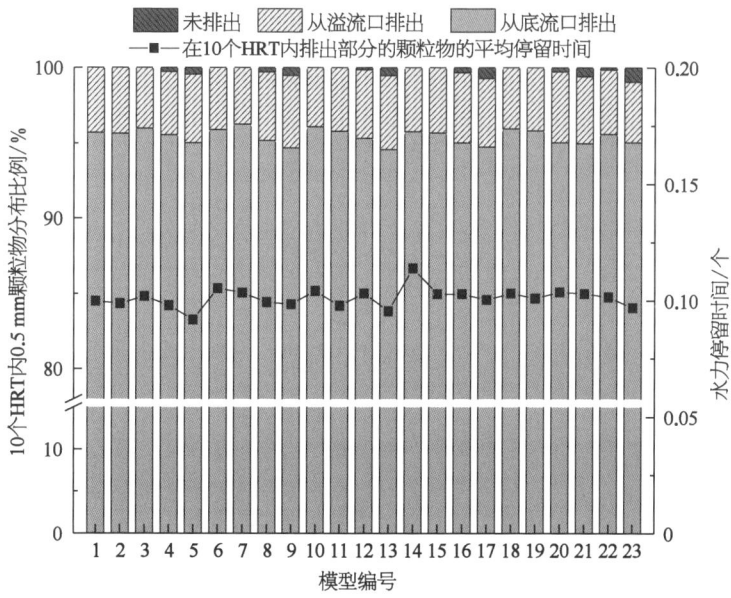

图 6-16　10 个 HRT 下 0.5 mm 颗粒物分布比例和
逃逸部分颗粒物停留的平均时间

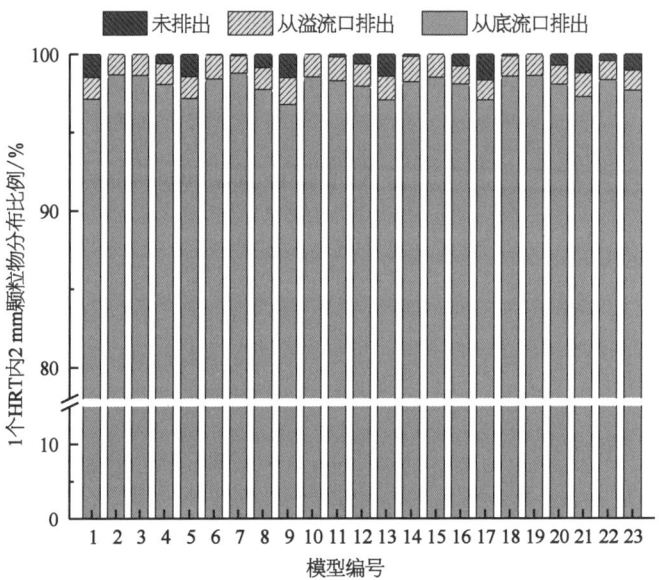

图 6-17　1 个 HRT 下 2 mm 颗粒物分布比例

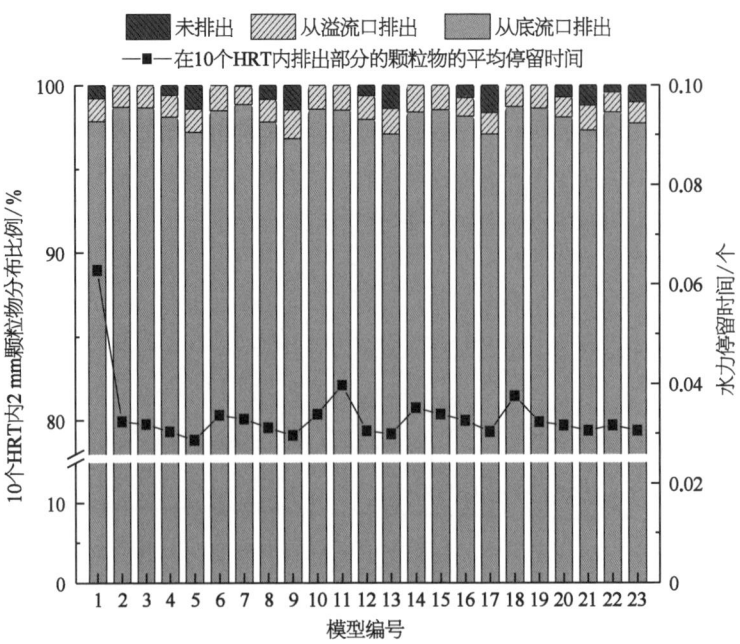

图 6-18　10 个 HRT 下 2 mm 颗粒物分布比例和
逃逸部分颗粒物停留的平均时间

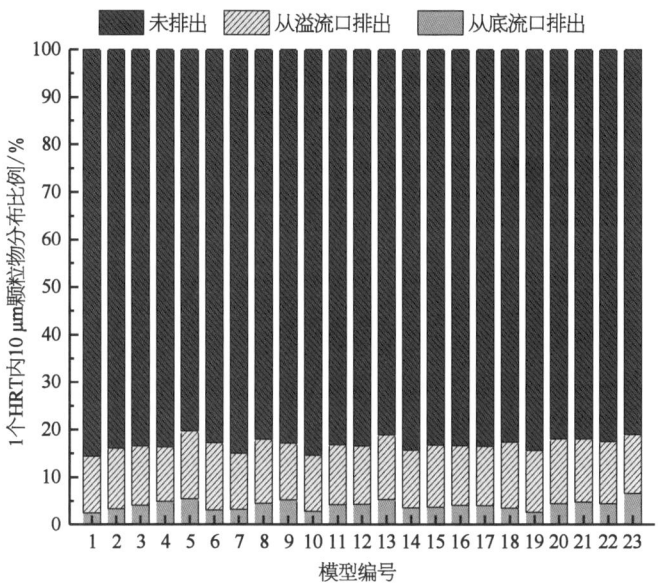

图 6-19　1 个 HRT 下 10 μm 颗粒物分布比例

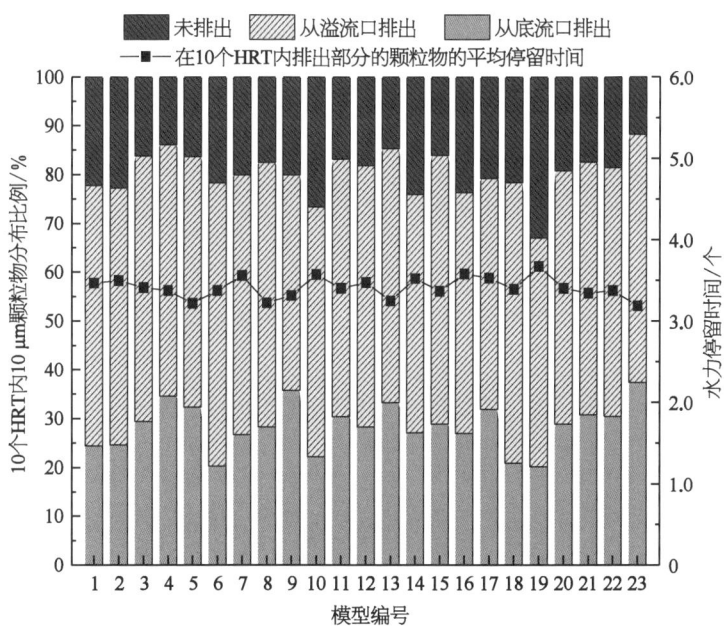

图 6-20　10 个 HRT 下 10 μm 颗粒物分布比例和
逃逸部分颗粒物停留的平均时间

通过观察颗粒轨迹发现，在模型1中，部分2 mm颗粒物停留在底流管壁上，原因是此处产生了强烈的局部回流。相比于0.5 mm颗粒物，2 mm颗粒物移动较慢，落入该部位的概率较大，并在此处停留了较长时间(图6-21)，从而降低了颗粒的去除率和去除效率。然而，在其他模型(如模型15)中，这一现象有所减弱(图6-22)，这表明在底流口上方安装导流板具有实际应用价值。

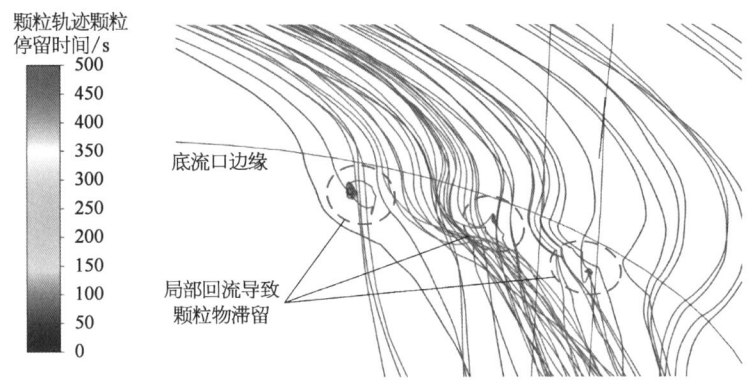

图6-21　模型1中底流口附近2 mm颗粒轨迹

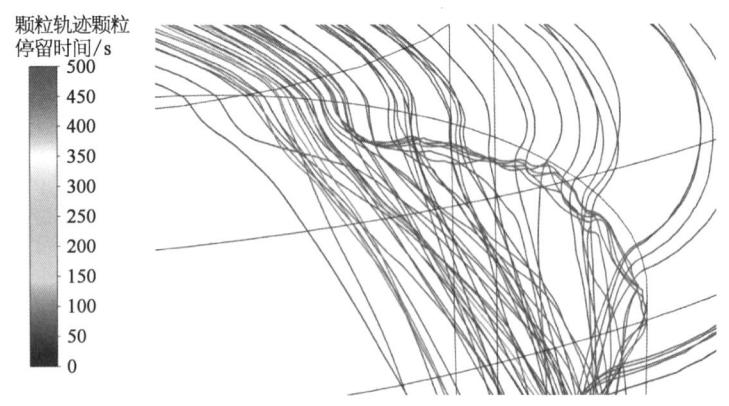

图6-22　模型15中底流口附近2 mm颗粒轨迹

从图6-19和图6-20中可以看出，当导流板高度固定且导流板直径比例较大时，小粒径颗粒物的去除比例更高，去除效率也随之增加(表现为被排出部分的颗粒停留时间减小)。这一现象在从模型2到模型4(高度5 mm)、从模型6到模型8(高度10 mm)、从模型19到模型21(高度40 mm)，以及从模型22到模型23(高度60 mm)时尤为明显。同时，大粒径颗粒物表现出相反的趋势(图6-15～图6-18)：当导流板的高度固定时，随着导流板直径的增大，0.5 mm

和 2 mm 颗粒物中未排出的比例逐渐增大。这是因为导流板直径较大时,颗粒物落在导流板表面的概率增加,而导流板位于养殖池中心,该处为水体旋转中心,平均速度最低,因此少数颗粒物无法在水流作用下离开(图 6-23),但大多数颗粒物受到的影响不大。

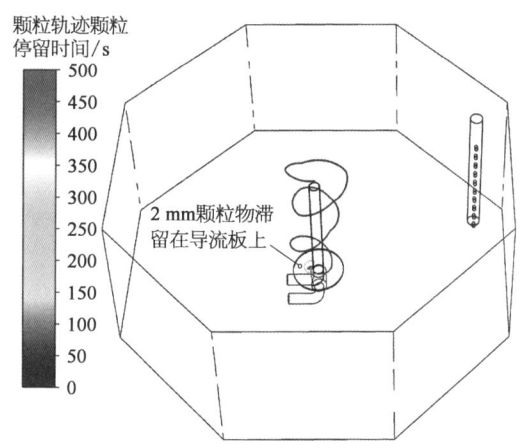

图 6-23　模型 9 中未排出的单个 2 mm 颗粒物轨迹

如图 6-16 和图 6-18 所示,当导流板的高度固定时,随着导流板直径的增大,0.5 mm 和 2 mm 颗粒物中逃逸部分的平均停留时间逐渐减少。这表明导流板确实可以加速颗粒进入排水管,提高颗粒去除效率。并且,导流板直径越大,对颗粒去除效率的增强作用越明显。与小粒径颗粒物相比,去除大粒径颗粒物尤为重要。虽然颗粒物的平均停留时间略有减少,但本研究认为大粒径颗粒物的去除比例更为关键。因此,建议将导流板直径比例设计在 0.067 左右,以获得更好的颗粒物综合去除效果。

6.1.7　导流盘高度对颗粒去除率及去除效率的影响

当导流板的直径比例固定时,比较导流板高度变化对颗粒去除率及去除效率的影响,如图 6-24～图 6-27 所示。可以发现:随着导流板高度的增加,大粒径和小粒径颗粒的去除率与去除效率均无明显变化。这表明导流板高度变化对颗粒物运动的影响不大,而导流板直径是影响颗粒物运动的主要因素。原因可能是小粒径颗粒物并不沉积在池底,而是随水流随机运动,因此导流板高度变化对其运动影响不大;大粒径颗粒物则在重力和离心力的作用下沉积在距离池中心较远的池底,然后向底流口移动。由于流场的流动均匀性良好,水流绕池中心稳定旋转，尤其是离池中心越近水速越慢，颗粒物基本不会离开池底，因此导流板高度变化并不对大粒径颗粒物产生显著影响。然而，在颗粒物的运动模拟中并不考虑堵塞。在实际应用中，如果导流板高度过低，沉淀物可能会在导流板下方聚集，从而容易发生堵塞；如果导流板高度过高，可能会对养殖生物的生活或其他生产活动产生干扰。因此，建议将导流板高度设计在 20～30 mm。

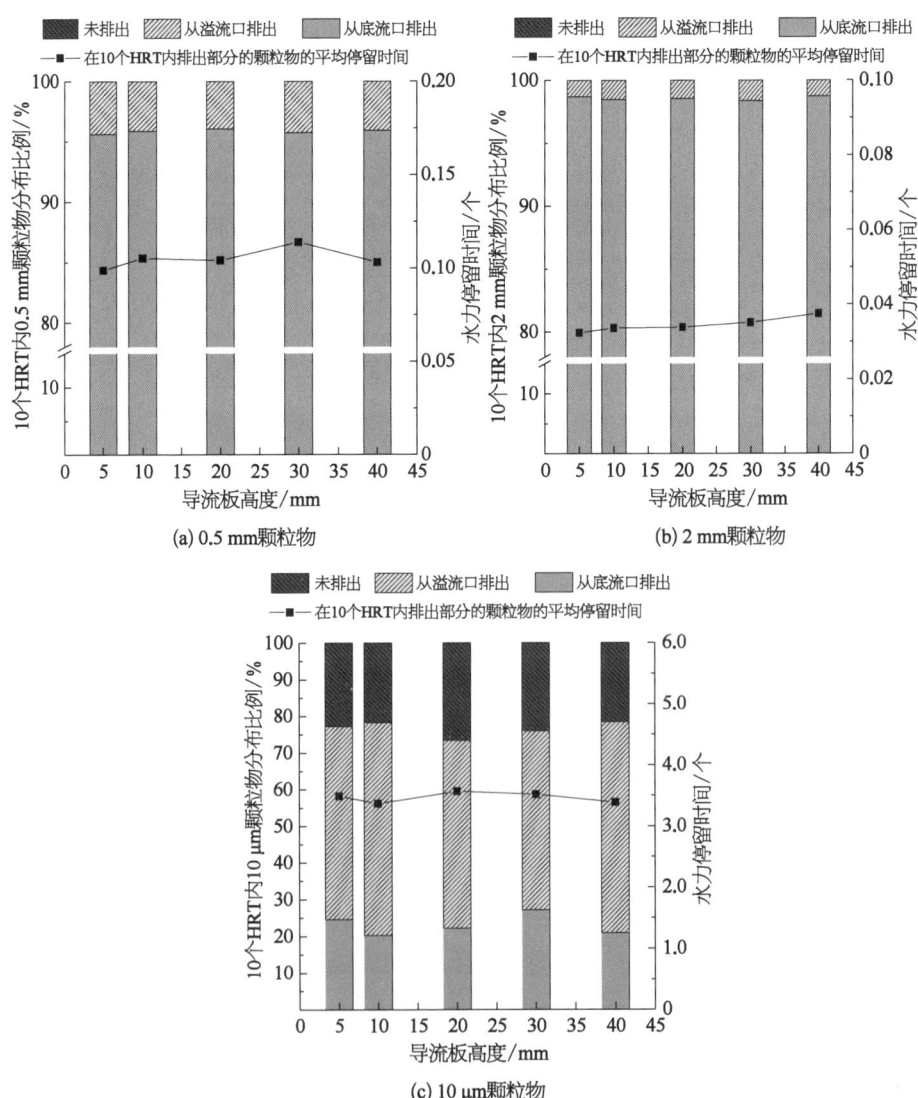

图 6-24　导流板直径比例为 0.040 时，导流板高度对三种粒径颗粒物去除率及效率的影响

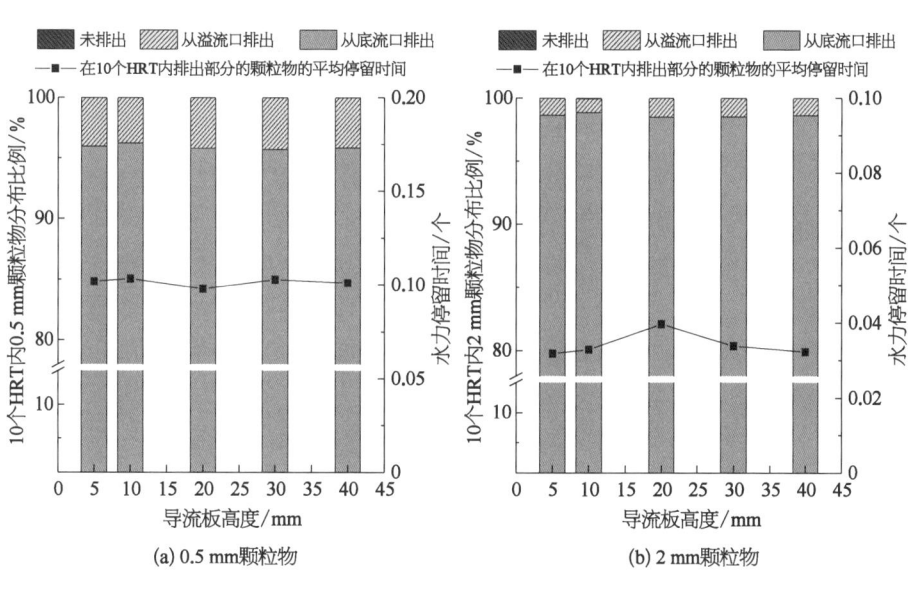

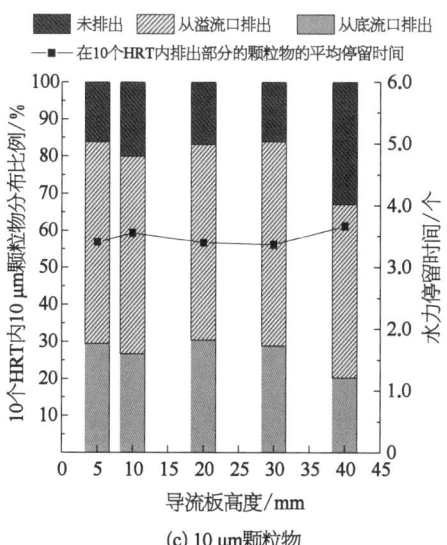

图 6-25 导流板直径比例为 0.067 时,导流板高度对三种粒径颗粒物去除率及效率的影响

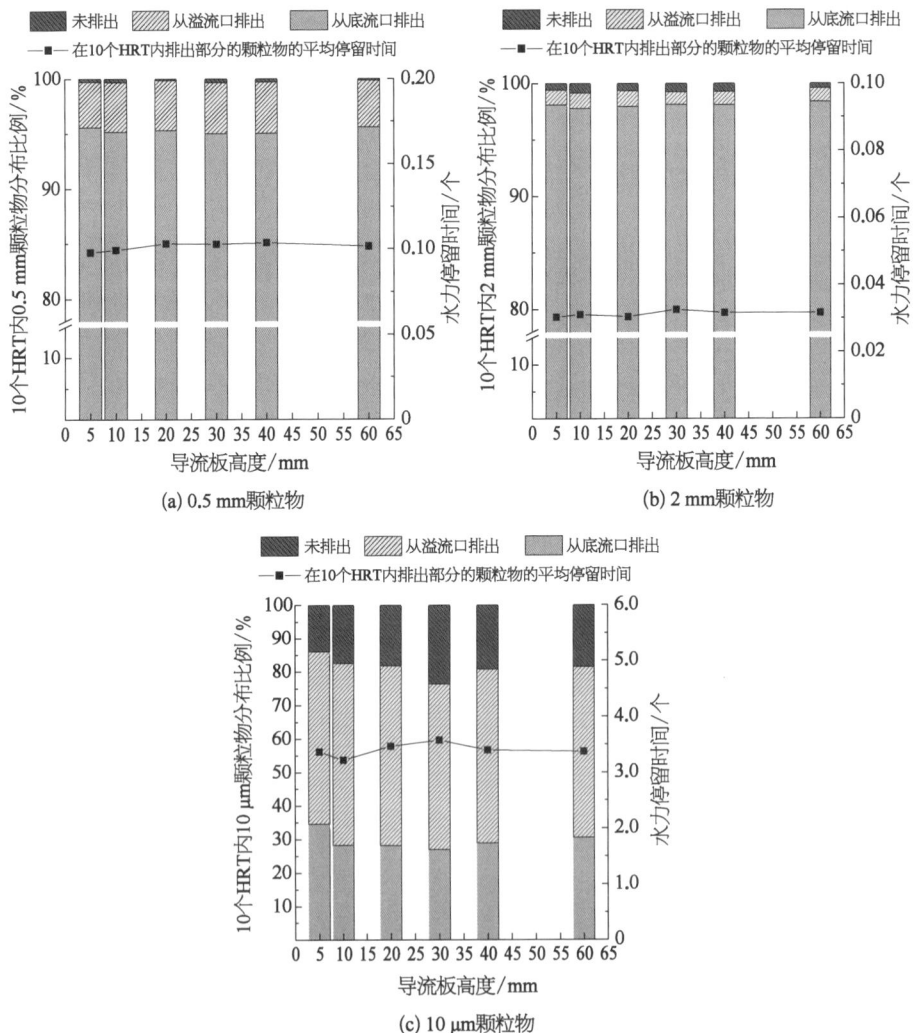

图 6-26 导流板直径比例为 0.100 时,导流板高度对三种粒径颗粒物去除率及效率的影响

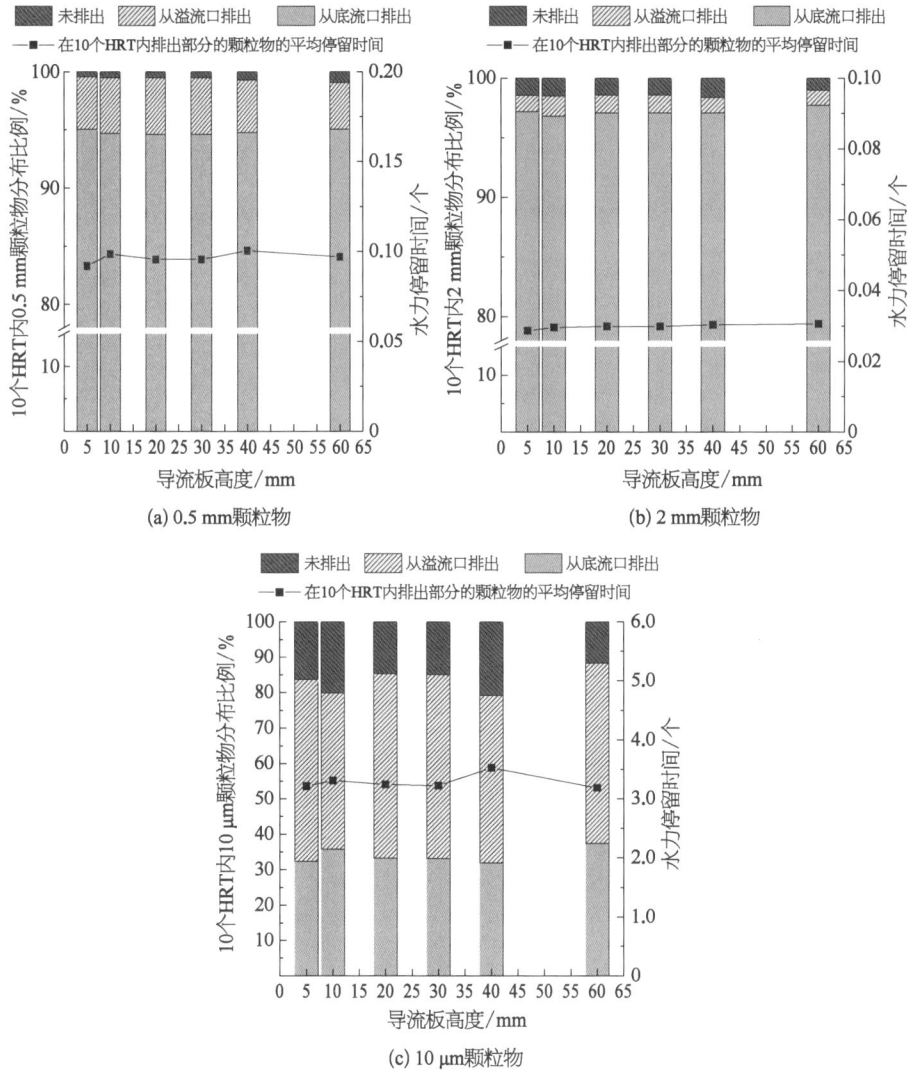

图 6-27 导流板直径比例为 0.133 时,导流板高度对
三种粒径颗粒物去除率及效率的影响

6.1.8 粒径对颗粒物停留时间与分布比例的影响

从逃逸部分颗粒物的停留时间来看(图 6-16、图 6-18、图 6-20),粒径对颗粒物的停留时间产生极大影响。2 mm 颗粒物在养殖池中的平均停留时间最短,大约为 0.03 个水力停留时间(63 s);10 μm 颗粒物在养殖池中的平均停

留时间最长,大约为4.5个水力停留时间(7 350 s);而0.5 mm颗粒物的平均停留时间约为0.1个水力停留时间(210 s)。在养殖池中,停留时间越长,颗粒物越容易在水体剪切力作用下破碎。在实际生产中,小粒径颗粒物可能会由于停留时间过长而溶解。采用更好的池型可以增加流动的均匀性,防止大粒径颗粒物破碎;通过安装导流板结构或提高底流口流量,可以加快大粒径颗粒物的排出。

从颗粒物分布比例来看,0.5 mm和2 mm颗粒物的分布结果表现出相似的规律:由于颗粒直径和重量较大,重力作用更为显著,大多数颗粒物快速沉积到池底。在"茶杯效应"产生的朝向底流口的径向力作用下,这些颗粒物一边绕池中心旋转,一边缓慢移动到底流口并排出,如图6-28所示;投放在溢流口附近的小部分颗粒物受到水流较大压强的影响,很快从溢流口逸出,如图6-29所示。因此,在图6-15~图6-18中,随着时间的增加,从溢流口排出的颗粒物比例保持不变。与2 mm颗粒物相比,0.5 mm颗粒物受到水流影响更大,从溢流口排出的比例略微增加,大约为4.5%,而2 mm颗粒物大约为1.4%。微米级的小粒径颗粒物受到重力影响较小,而受到水流和离散随机涡的影响较大,如图6-30所示。因此,10 μm颗粒物的排出率与计算的时间和两个出水口的流量比高度相关:在1个水力停留时间内,大约有12%的10 μm颗粒物随着水流从溢流口排出,大约3%的颗粒物从底流口排出,与0.8∶0.2的分流比成等比关系;在10个水力停留时间内,10 μm颗粒物在两个出水口的去除率分别上升到大约50%和25%。

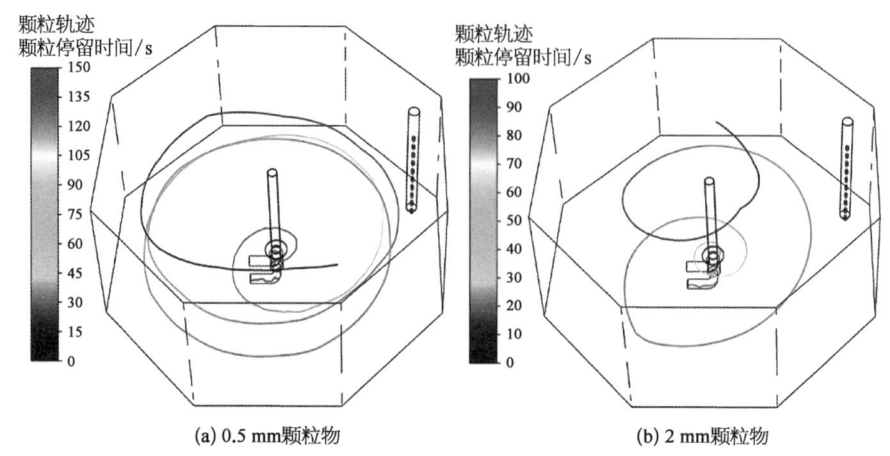

图6-28 模型15中单个颗粒物从底流口排出的运动轨迹

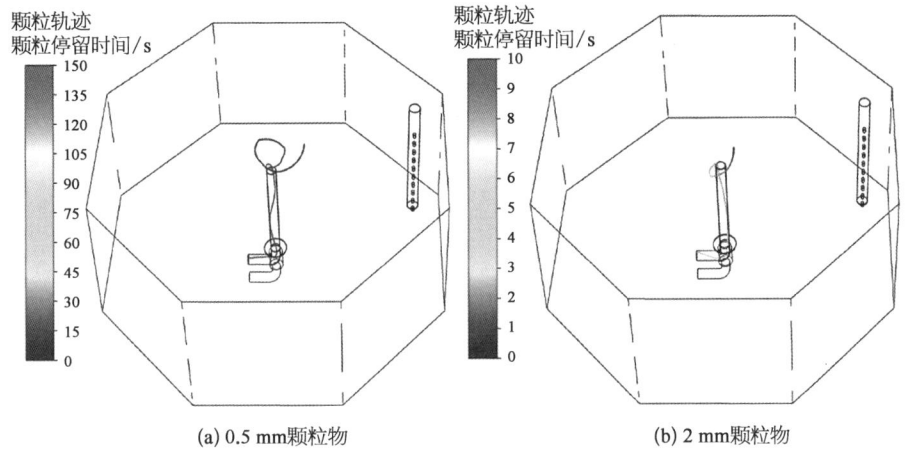

(a) 0.5 mm颗粒物　　　　　　　　(b) 2 mm颗粒物

图 6-29　模型 15 中单个颗粒物从溢流口排出的运动轨迹

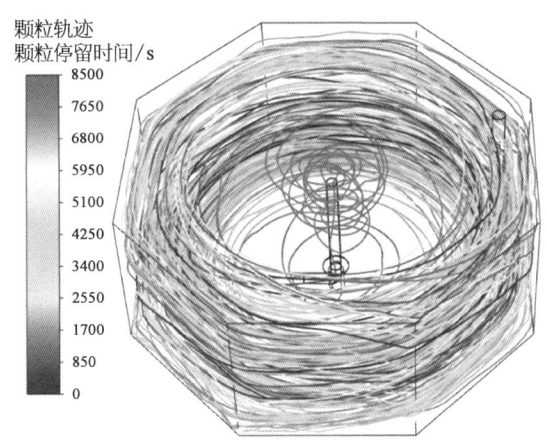

图 6-30　模型 15 中单个 10 μm 颗粒的运动轨迹

6.2　带有底面坡度的养殖池算例

6.2.1　几何结构模型

图 6-31a 所示为循环水养殖池的几何模型,其结构为正八边形,径深比为 4∶1,水深为 650 mm,池壁、底流管壁和导流盘的厚度均为 10 mm,溢流管壁

厚、进水管壁厚为 2.5 mm,喷嘴壁厚为 2 mm。双进水管位于池中心两侧,进水管上喷嘴顶部距进水管中心的距离为 64 mm,喷嘴方向与池壁平行。溢流管上方的小孔共有 12 列,每列有 6 个小孔。导流盘固定于溢流管壁上,通过改变导流盘距池底的高度 d_h 及其直径 d_c 与池宽 D 之比,共得到 19 组结构模型,从"Model 1"到"Model 19"编号,见表 6-2。选择监测面 1 和监测面 2 作为流场监测面,在监测面 1 上设置 5 条监测线,距池底的高度分别为 9.75 mm、110.5 mm、279.5 mm、442 mm、585 mm,如图 6-31b 所示。

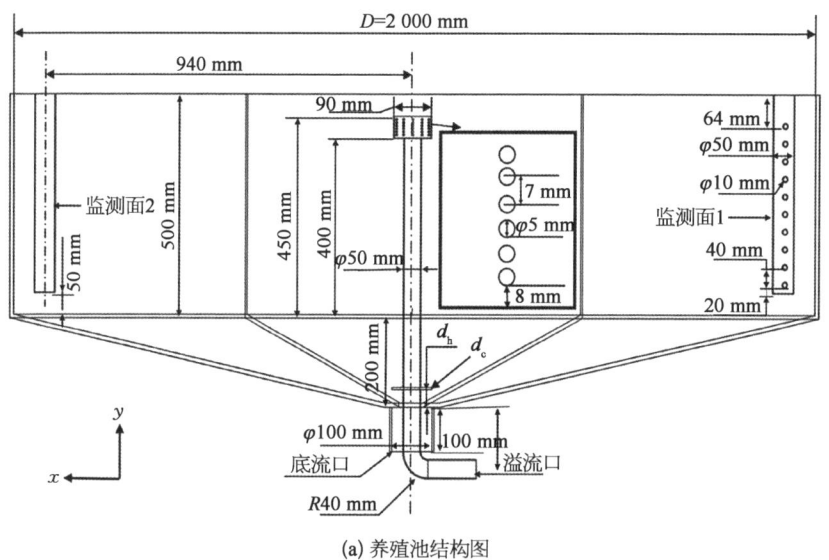

(a) 养殖池结构图

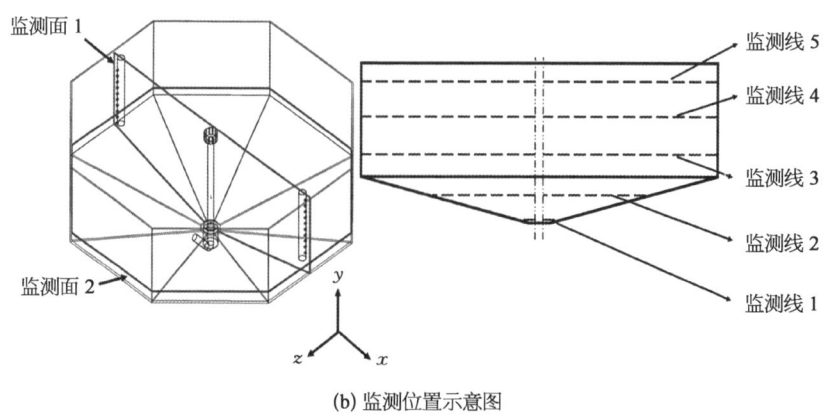

(b) 监测位置示意图

图 6-31 养殖池模型图

表 6-2 不同导流盘的养殖池结构模型

d_h/mm	d_c/D			
	0.05	0.08	0.11	0
0				Model 19
10	Model 1	Model 2	Model 3	
20	Model 4	Model 5	Model 6	
30	Model 7	Model 8	Model 9	
40	Model 10	Model 11	Model 12	
50	Model 13	Model 14	Model 15	
60	Model 16	Model 17	Model 18	

6.2.2 计算方法参数

养殖池中的气液固三相流动满足质量守恒方程和动量守恒方程,采用不可压缩三维非定常 N-S 方程进行描述。RNG k-ε 湍流模型考虑了低雷诺数对湍流结构的影响,提高了具有复杂旋涡流动的流场计算精度,适合描述大应变率剪切流、分离流和有旋流等三维流动特性。将进水口设置为流量入口边界,溢流口和底流口均采用出流边界,池壁和管壁均设置为无滑移固壁边界。假设水面无剪切力和滑移速度,可按自由液面处理,压力设为标准大气压。湍流动能及湍流耗散率均采用二阶迎风格式,收敛精度设置为 10^{-6}。采用基于压力耦合的 SIMPLEC 算法,使压力场与速度场迭代同步计算,相关计算参数见表 6-3。

表 6-3 计 算 参 数

计算参数	数值
进水口Ⅰ流量/(kg/s)	0.36
进水口Ⅱ流量/(kg/s)	0.36
溢流口流出比例/%	70

续 表

计算参数	数　值
底流口流出比例/%	30
水力停留时间/min	40
水力直径/m	0.787
湍流强度/%	3.39
水的密度/(kg/m³)	1 000
液相动力黏度/(Pa/s)	0.001
壁面粗糙度/μm	0.001
标准大气压/kPa	101.325

6.2.3　导流板结构参数对速度分布的影响

图 6-32 所示为 19 组模型中 6 个模型在不同监测线上的流速变化曲线，而其他模型的流速变化曲线之间差异不明显。对比分析可知：导流盘的参数仅影响底流口区域的速度分布情况。除监测线 1 外，不同监测线上的流速基本呈"M"字形对称分布规律，水流速度表现为中间低、两侧高的分布趋势。这种速度分布使得颗粒物易在中心区域聚集，同时外围速度较高，使得靠近池壁的水体逐渐向池中心运动并混合。然而，仅在图 6-32a 所示的情况下，整体水流速度分布受到影响，导致养殖池整体的水流速度降低，但速度分布仍然保持不规则的"M"字形。

在监测线 1 上，养殖池的整体流速随着池壁向池中心靠近，水流速度逐渐增大，但在接近溢流管时，速度突然降低。在底流口附近产生了速度差，使得养殖池底流口的水流速度高于周围水流速度。底流口的高速水流通过产生速度梯度和水流动力学效应，可以加速颗粒物的运动和输送。从图 6-32b~d 可以看出，当 d_h 不变时，随着 d_c/D 的增大，养殖池监测线 1 上的水流速度最大值呈现先增大后趋于不变的趋势。在不同的 d_c/D 条件下，当 d_h 为 10 mm 和 50 mm 时，养殖池监测线 1 的水流最大速度小于无导流板模型；当 d_h 为 60 mm 时，水流最大速度与无导流板模型相差不明显；当 d_h 为 20~40 mm 时，水流最大速度大于无导流板模型。d_c/D 过大时,养殖池中的颗粒物容易聚集在导流盘上,不利于颗粒物的排出,因此 d_c/D 的取值范围应为 0.05~0.08。

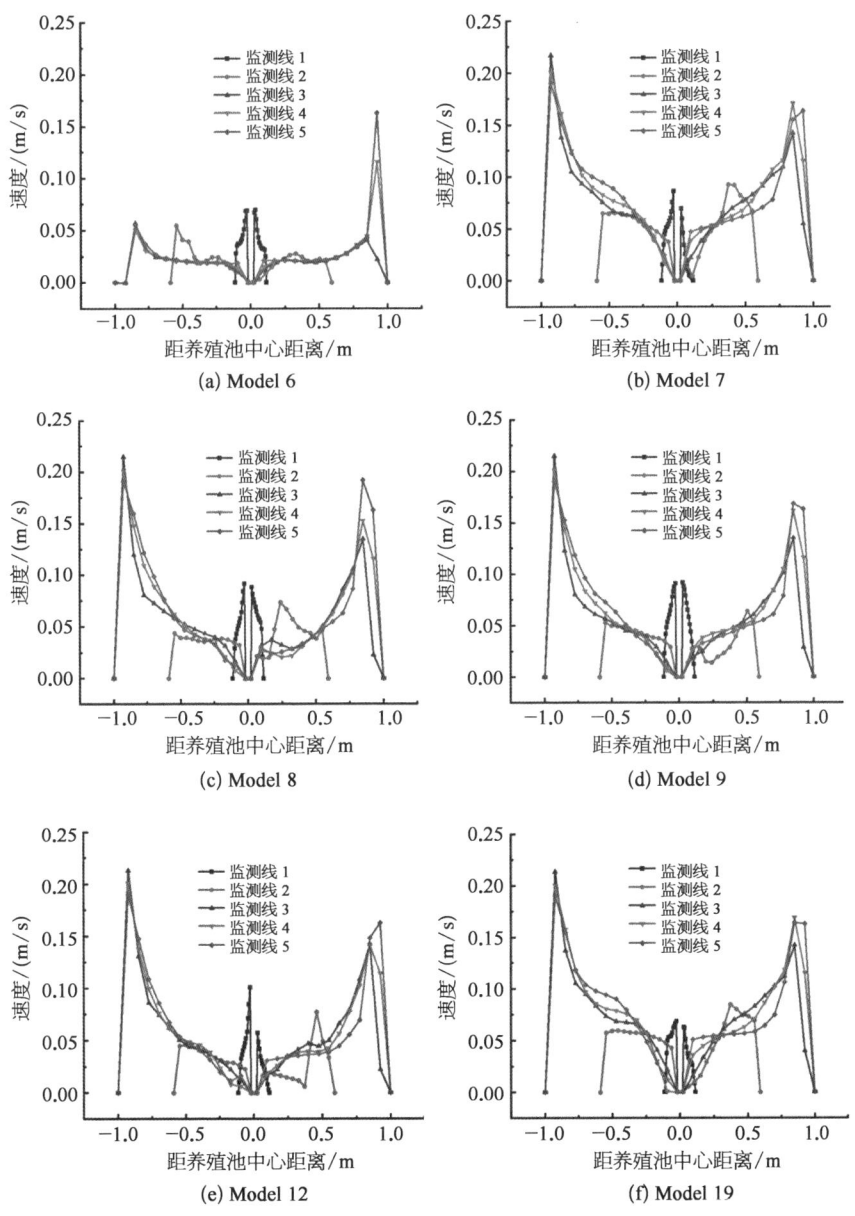

图 6-32 不同监测线上的速度分布

6.2.4 导流盘结构参数对涡流结构的影响

图 6-33 所示为养殖池内流场的涡量图。结果表明：在养殖池中，流体的旋转运动由不同结构和长度尺度的非轴对称涡流所控制。在以旋涡为主的情况下，主要的旋涡特征分为涡柱、涡环和涡丝。由于导流盘的存在，养殖池内的非轴对称涡柱结构较为明显，高速区和低速区的分布稳定，涡环的混合性增强，涡流和二次流强度提高，水力混合均匀性更好。导流盘对涡量强度、涡柱范围和涡环数量有明显影响，但对涡丝的影响不明显。图 6-33a 所示的养殖池中无明显涡柱，涡环和涡丝也很少，这与图 6-33a 中监测线速度分布整体降低相对应。该导流盘结构参数导致养殖池内水流不规则碰撞，产生较大能量损耗，导致涡环数量减少且形状不规则。涡柱区域过小可能不利于颗粒物在底流口的集聚和排出。图 6-33f 中无导流板的养殖池内，涡柱范围偏大，涡环数量少且形状不规则。涡柱的范围过大，水流不规则碰撞伴随着较大的射流能量消耗，导致养殖池出现低速混合区，流态紊乱。这限制了鱼类的自由移动并影响氧气供应，从而对鱼类的生存产生不利影响。由图 6-33b、c、d、f 可知，图 6-33d 所示养殖池中的涡柱与图 6-33f 中无导流板养殖池中的涡柱范围无明显差异，但涡环数量增加，形状逐渐转变成环状结构。当 d_h 为 30 mm 时，随着 d_c/D 的增大，涡柱呈现先增大后减小的趋势，涡环的数量先增加后基本保持不变。当

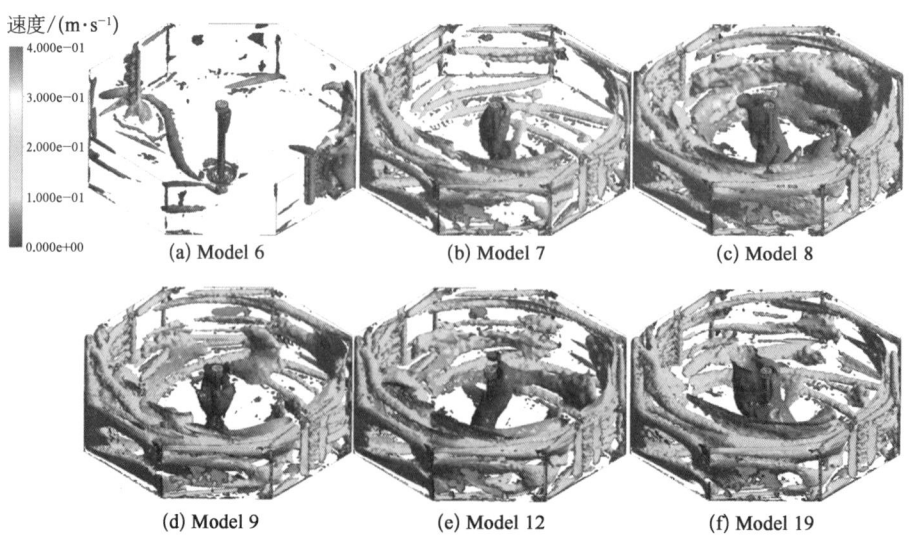

图 6-33 不同模型下的涡量云图

d_h 为 50 mm 时,随着 d_c/D 的增大,养殖池内涡柱的形状由不规则变为规则涡柱,涡环形状由环状结构逐渐发展成不规则结构,低速混合区逐渐减少。当 d_h 为 60 mm 时,随着 d_c/D 的增大,养殖池内涡柱范围、涡环数量和形状差异不明显。在相同 d_h 条件下,随着 d_c/D 的增大,涡柱呈现先增大后减小的趋势,涡环的数量先增加后基本保持不变。当 d_c/D 不变时,随着 d_h 的增加,养殖池内的涡柱范围呈现先减小后增大的趋势,养殖池的涡环数量先减少后增加,其形状从不规则逐渐发展成环状结构。

6.2.5 导流盘结构参数对壁面剪切应力的影响

图 6-34a 所示为无导流盘的养殖池壁面剪切力轮廓图,图 6-34b 所示为导流盘高度(d_h)取 30 mm、导流盘直径与池径比(d_c/D)为 0.05 的养殖池壁面剪切力轮廓图,图 6-34c 所示为 d_h 取 30 mm、d_c/D 为 0.08 的养殖池壁面剪切力轮廓图。通过对比分析可知,靠近养殖池一侧射流的壁面和底部出现了更高的剪切力,而另一侧射流壁面的剪切力较小。图 6-34b 和图 6-34c 中加入了导流盘,降低了养殖池壁面剪切力的分布。从壁面剪切力轮廓来看,图 6-34a 中能量以耗散形式损失到池壁最小,这有助于保持流动的动量。加入导流盘可以减少水流与壁面碰撞时的能量损失,并促使流动保持更稳定的动量,从而提高流体的混合效率。

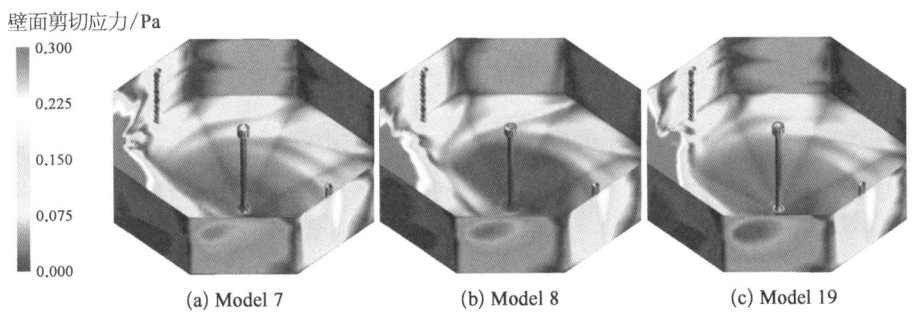

图 6-34 养殖池的壁面剪切应力

6.2.6 导流板结构参数对水流均匀指数的影响

图 6-35 所示为不同导流盘在养殖池中的水流均匀性指数。结果表明:在相同的 d_c/D 值下,随着 d_h 的增加,养殖池的水流均匀性指数呈现波动趋

势。当 d_h 为 30 mm 时,水流均匀性指数达到最高值。在相同 d_h 值下,随着 d_c/D 的增大,水流均匀性指数先增加后减少。当 d_h 在 20~50 mm 范围内,且 d_c/D 为 0.08 或 0.11 时,水流均匀性指数的减小并不显著。导流盘安装在距养殖池底面 20~40 mm,且直径与养殖池宽度之比为 0.05~0.08 时,养殖池表现出良好的水流均匀性指数。

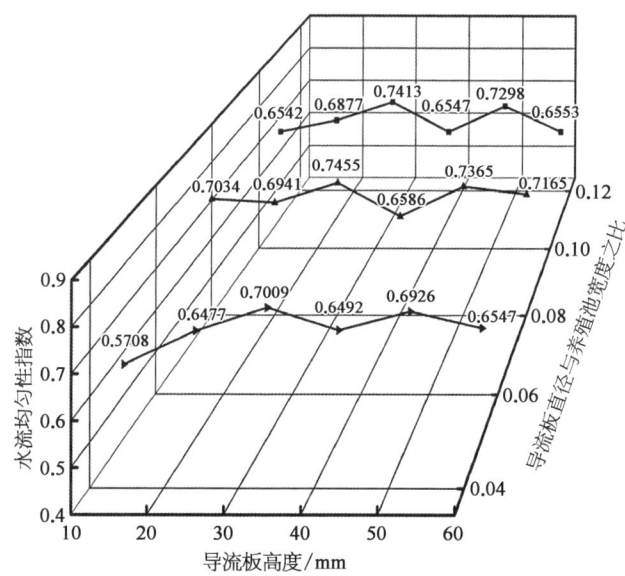

图 6-35 不同导流盘养殖池的水流均匀性指数

6.2.7 导流盘直径对不同直径颗粒去除率

如图 6-36 所示,在不同模型结构下,1 个水力停留时间内,4 种不同直径颗粒物(0.5 mm、1 mm、1.5 mm、2 mm)的分布情况。研究结果表明,养殖池内是否安装导流板对 1 mm、1.5 mm 和 2 mm 直径颗粒物的去除率没有影响,底流口和溢流口颗粒物去除率总和均高达 95% 以上;然而,0.5 mm 直径颗粒物在大多数模型中的去除效率非常低。在没有安装导流板的养殖池(Model 1)及部分配置导流板的模型中,0.5 mm 颗粒物的未去除率超过 40%。然而,在 Model 2~5 和 8 中,0.5 mm 颗粒物被完全排出;此外,在一些适当配置导流板的养殖池中,0.5 mm 颗粒物的未去除率低于 5%。此外,中间溢流口排出的颗粒物比例变化幅度较小。综上所述,这表明在底流口上方安装适当的导流板有助于有效排出颗粒物。

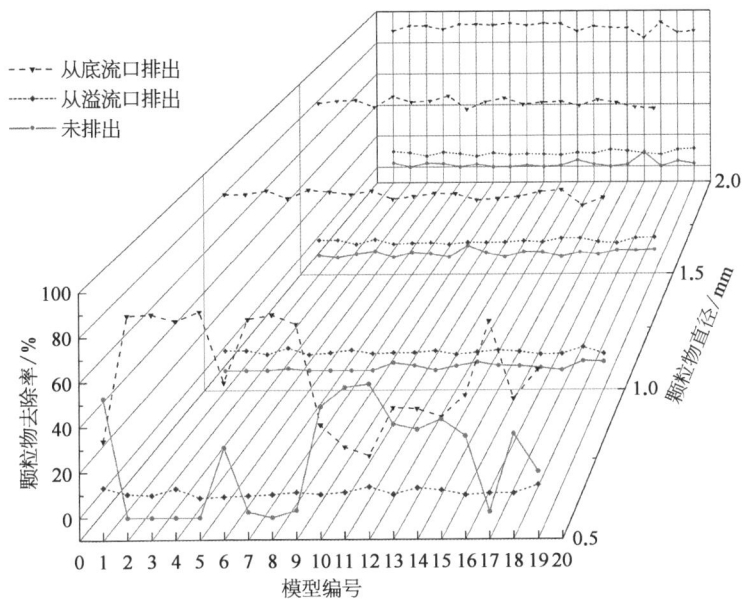

图 6-36 颗粒物去除效率

6.2.8 导流盘高度对颗粒去除率及去除效率的影响

如图 6-37 所示，在不同模型结构下，研究了 1 个水力停留时间内，直径为 0.5 mm 的颗粒物在导流板直径比例保持不变的情况下，导流板高度变化对颗粒物去除效率的影响。图 6-38 展示了在相同条件下，直径为 1 mm 的颗粒物的研究结果。随着导流板高度的增加，直径为 1 mm、1.5 mm 和 2 mm 的颗粒物去除率变化幅度较小。这表明导流板高度对大直径颗粒物的排放影响不大。然而，对于直径为 0.5 mm 的颗粒物，在导流板高度为 40～60 mm 范围，颗粒物去除率有所下降。随着高度的进一步增加，去除率逐渐上升，但上升幅度较小。小直径颗粒物的去除率受到导流板高度的影响，因为这些颗粒物通常不会沉积在养殖池底部，而是随水流随机移动。调整导流板的高度可以改变养殖池内水体和颗粒物的流动。大直径颗粒物的去除率受导流板高度影响较小，因为这些颗粒物通常在重力和离心力的作用下沉积在池底，然后朝底流口移动。由于双入水口养殖池的水流分布较均匀，靠近养殖池中心的地方水速较慢，因此颗粒物基本上不会离开池底。需要注意的是，在颗粒物运动模拟中未考虑可能发生的堵塞问题。在实际应用中，如果导流板设置过低,可能导致沉淀物在导流板下方堵塞,从而对养殖池内的生物和水循环产生不利影响。溢流口排出的颗粒物比例变化幅度较小。这表明,在底流口上方安装适当的导流板有助于颗粒物的排出。因此,导流板高度合理选择的范围在 20～30 mm。

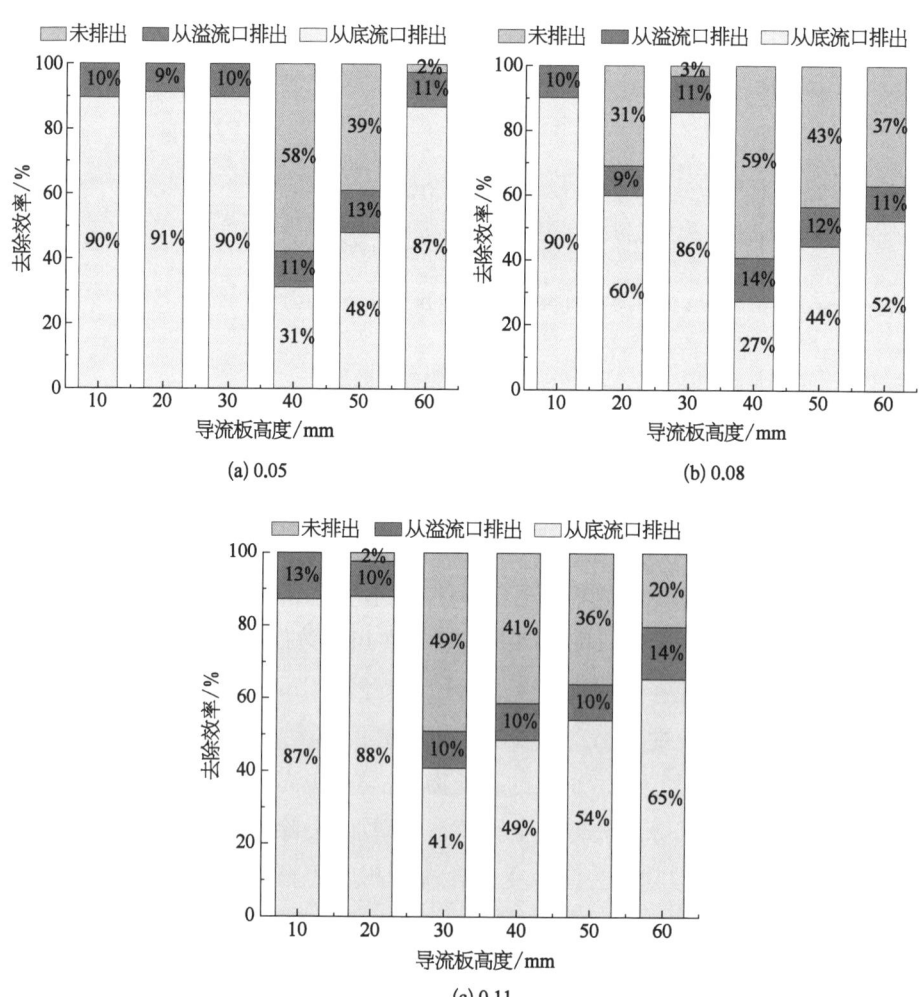

图 6-37　0.5 mm 颗粒物去除效率

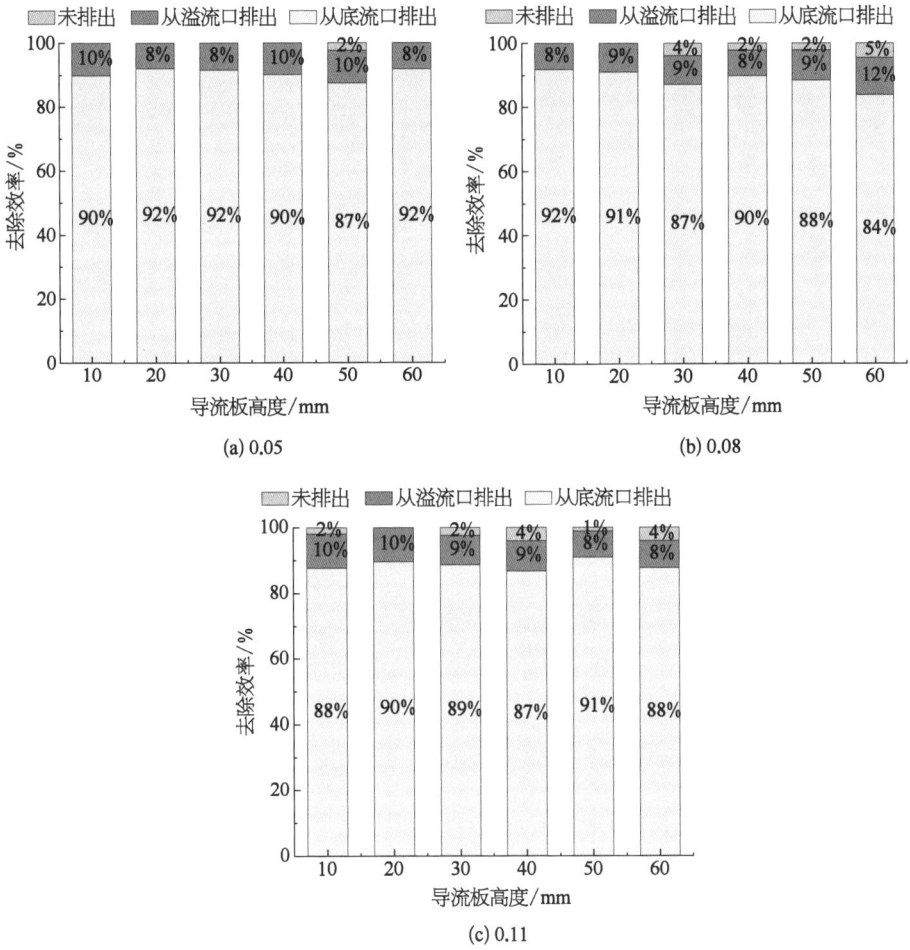

图 6-38 1 mm 颗粒物去除效率

6.2.9 粒径对颗粒物停留时间与分布比例的影响

图 6-39 将已排除颗粒物的平均排出时间展示出来。计算结果表明，颗粒物的平均排出时间主要分布在 0.1 水力停留时间以下，而对于直径为 0.5 mm 的颗粒物，其排出时间存在较大波动。在 Model 2、5、8 中，这些模型的导流板直径比例均为 0.05，但高度各不相同。随着导流板高度的增加，0.5 mm 颗粒物在养殖池中的平均停留时间逐渐减少。而在 Model 2、3、4 中，导流板的高度均为 10 mm，但直径比例不同。随着导流板直径比例的增加，颗粒物在养殖池中

的平均停留时间呈现出先减小后增加的趋势,不过平均停留时间的变化幅度并不显著。

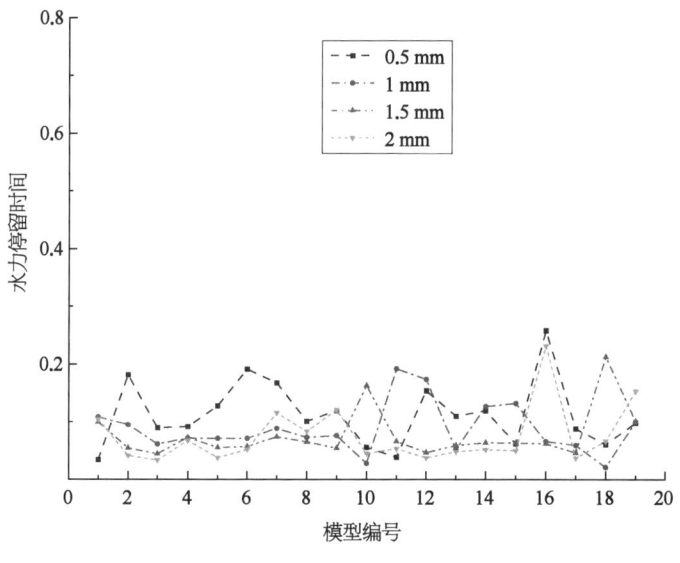

图 6‑39　颗粒物平均排出时间

6.3　导流盘对集污水动力的影响

对于不带底面坡度的八边形循环水养殖池的排水口结构,本文建立了不同导流盘直径比例与高度的三维流场模型。通过分析一个及多个水力停留时间下不同粒径颗粒物的去除率及去除效率,比较得出了颗粒物综合去除效果最佳的导流盘尺寸参数。通过分析不同导流盘尺寸下养殖池水体速度分布及底流口附近水流的速度矢量分布,进一步探讨了该结构对水流及颗粒物运动的影响机制,得到的结论如下:

(1) 导流盘能够提高底流管内水体的旋转速度,减少局部回流的出现,从而减少颗粒物在局部回流中的滞留时间。这在颗粒物去除过程中起到了关键作用。

(2) 导流盘的存在减小了底流的过流面积,增加了下方水流的速度,减小了养殖池底部低速回旋区的面积,促进底部水体绕池中心旋转。随着导流盘直径的增加,下方水流的速度也随之增加,从而使得被排出的大粒径颗粒物在池中的停留时间变得更短,而未排出的大粒径颗粒物比例也随之增加。

(3) 导流盘降低了整体水流速度,尤其是随着导流盘直径的增加,整体水流速度的降低幅度也越大。这种降低会在一定程度上促进小粒径颗粒物的排出。

(4) 导流盘的高度对养殖池流场的影响较小,但可以观察到,当高度较小时,其下方水速较大,养殖池整体水流速度较小。而当导流盘高度较大时,该结构对养殖池流场的影响减弱。同时,导流盘高度对颗粒物去除率及去除效率无明显影响。

(5) 研究发现,2 mm 颗粒排出速度最快,而 10 μm 颗粒受水流作用最大,在池中停留时间最长。从两个排水口排出的比例与这两个排水口的流量比例有关。通过综合分析,得出了最佳导流盘尺寸参数为直径比例 0.067、高度 30 mm,这样能够获得更好的颗粒物综合去除效果。这一结论对于八边形双通道循环水养殖池的设计和优化具有重要的指导意义。

针对带有底面坡度的八边形循环水养殖池,本章研究了导流盘的几何参数和位置对流速分布、涡量强度、壁面剪切应力、水体混合均匀性及颗粒物去除率等水动力特性的影响。结果表明:

(1) 从养殖池的涡流结构和强度来看,当 d_c/D 不变时,随着 d_h 增加,养殖池内部的涡柱范围呈现出先减小后增大的趋势,而养殖池的涡环数量则先减少后增加。随着涡环的增加,其形状逐渐由不规则向环状结构发展。当 d_h 为 30 mm 时,不同 d_c/D 的养殖池的涡柱范围达到最小。在相同 d_h 下,随着 d_c/D 的增大,涡柱范围呈现出先增大后减小的趋势,涡环的数量则先增加后基本保持不变。

(2) 从养殖池壁面的剪切力来看,当不设置导流盘时,水流与池壁的不规则碰撞伴随着较大的射流能量消耗,导致养殖池出现低速混合区,流态紊乱,对颗粒物的拖曳力减小。较大范围的低速混合区和紊乱的湍流效应使得残饵、粪便等颗粒物不易聚集和排出。导流盘可以减小养殖池壁面与水体的碰撞、折射和反射。当 d_c/D 取 0.05~0.08、d_h 为 20~40 mm 时,高速区和低速区的分布更加稳定,涡环的混合性增强,涡流和二次流的强度提高,水力混合的均匀性更好,有利于颗粒物在底流口聚集和排出。

(3) 从养殖池的水流均匀性指数来看,加入导流盘可以引导水流,有利于增强涡环的混合性,提高涡流和二次流的强度,改善水力混合的均匀性。在导流盘上方,养殖池内横截面上的水流速度基本呈现"M"字形对称分布的特点。在导流盘下方,养殖池内横截面的流速从池壁到池中心逐渐增大,但接近溢流管时,速度会突然降低。在底流口,高速水流通过产生的速度梯度能够加速颗粒物的排出。

(4) 从养殖池导流板直径对不同直径颗粒物去除效率的影响来看,养殖池内有无导流板对 1 mm、1.5 mm、2 mm 直径颗粒物的去除率无影响,底流口和溢流口颗粒物去除率的总和在 95% 以上;0.5 mm 直径颗粒物在大多数模型中去除效率很低。一些适当配置导流板的养殖池中,颗粒物未去除率低于 5%。中间溢流口排出的颗粒物比例变化幅度较小。这表明,在底流口上方安装适当的导流板有助于颗粒物的排出。

(5) 从养殖池导流板高度对颗粒物去除效率的影响来看,随着导流板高度的增加,1 mm、1.5 mm 和 2 mm 直径颗粒物的去除率变化幅度较小。这表明导流板高度对大直径颗粒物的排出影响较小,但对于粒径为 0.5 mm 的颗粒物,在导流板高度为 40~60 mm 时,颗粒物去除率下降。随着高度的增加,颗粒物去除率逐渐上升,尽管上升幅度较小。因此,导流板高度的合理选择范围在 20~30 mm。

第 7 章

分割式池塘循环水养殖系统水动力特性

分割式池塘循环水养殖系统在理论上具有许多优点,但在实践中也面临一些局限性,如水动力特性不足和颗粒物去除效率低下。这些问题可能会影响水流的均匀性和养殖环境的稳定性,进而影响养殖效果和水产生物的健康。因此,本章将以池塘循环水养殖模式中的分割式循环水养殖系统为重点研究对象,主要围绕其水循环过程的流动特性展开研究,并针对分割式池塘循环水养殖系统的实际应用问题进行探讨。

本章以单个养殖池为研究对象,重点研究养殖池注水过程的流动特性、湍流和涡结构产生与发展规律。通过数值研究单个养殖池水循环过程的单相流动特性和液固两相流动特性,分析不同水力条件和池塘底部坡度对颗粒物分离效率和水体净化效能的影响机制。同时,为研究分割式养殖池的颗粒物排出率,将鱼类排泄物、饲料等颗粒物简化为球形粒子,并将颗粒物之间的相互作用类比于稠密气体分子间的相互作用,建立液固两相流场的数值计算模型。应用有旋流动的通道涡原理,研究不同水流旋转条件下、不同粒径颗粒物的分布规律、沉积浓度、运动轨迹等,重点分析颗粒物向通道涡的集聚效应和排出率。同时,为探究全域养殖系统中流动特性对涡流、能量利用率、颗粒物排出率、自净化效能等的影响,建立全域养殖系统水循环过程的非定常数值计算模型。通过分析结果,探讨不同进口速度和推流装置对全域养殖系统流动特性的影响。

7.1 养殖单元算例分析

针对池塘循环水养殖系统水质净化效能差、集污排污效率低等问题,本节以一种典型的分割式池塘循环水养殖系统中的单个养殖池为研究对象(图7-1)，建立了单相流场的数值计算模型，模拟了不同水力条件和养殖池底部坡度下的单相流动，研究了在不同水力条件下养殖池注水过程中的流动特性及湍流涡结构的产生与发展规律。此外，将鱼类排泄物、饲料等颗粒物简化为球形粒子，应用欧拉-拉格朗日法，结合颗粒轨道模型(DPM)，建立了液固两相流场的数值计算模型。运用有旋流动的通道涡原理，研究了不同水力条件和池塘底面坡度对养殖池集排污特性的影响机制，得出了方形切角养殖池底面结构与其水体净化效能之间的关系。

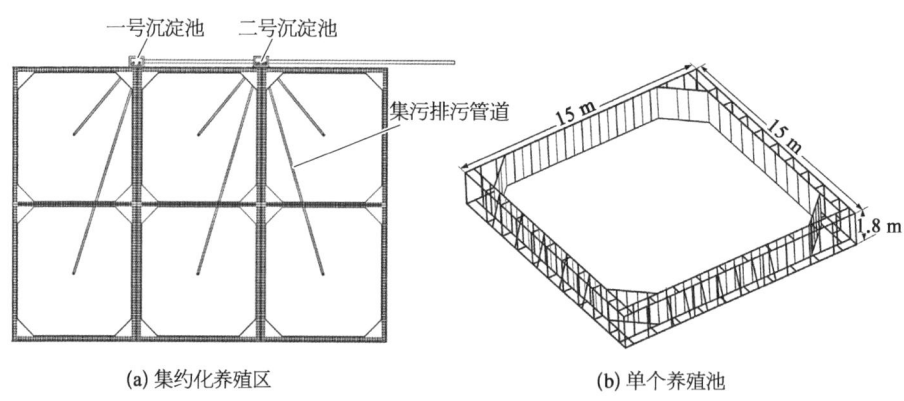

图7-1 集约化养殖池结构模型

7.1.1 不同注水条件下的水动力特性

7.1.1.1 结构模型

单个养殖池为边长15 m的切角方形水池，水池底部中央设有连接管道的通孔。为分析不同水力条件和池塘结构对养殖池水循环特性及排污特性的影响，针对水循环养殖系统的单个养殖池建立了液固两相流结构模型，如图7-2所示。

7.1.1.2 单相流数值模拟

图7-3所示为研究不同参数下养殖池内部流场的分布特性，现设置监测面1($y=0$)和监测面2($z=7.5$ m)作为流场监测面，以监测这两个面的流场分布特性。监测面1和监测面2的交线设置为监测线5，用于监测该线上的速度分布。监测线1~5之间的间隔为0.5 m。

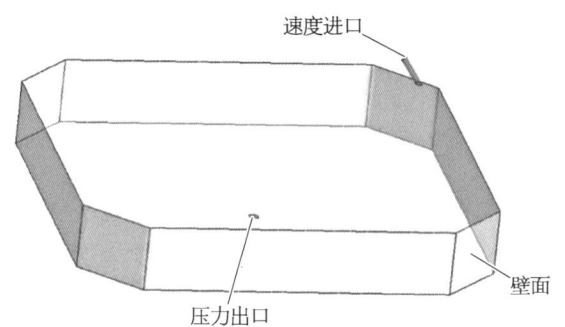

图 7‑2 单个养殖池的计算模型

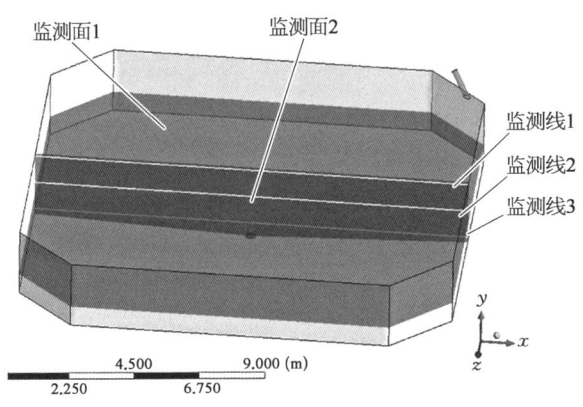

图 7‑3 养殖池监测位置示意图

养殖池的进水口均设定为速度进口,进水密度为 998.2 kg/m³,动力黏度为 1.003×10^{-3} Pa·s。单个养殖池的出口溢流和底流均为出流边界条件。设定养殖池的水体为无滑移和剪切速度的自由界面,压力值为 1.01×10^5 Pa。池底和池壁均为固壁边界条件,相关计算参数见表 7‑1。

表 7‑1 计 算 参 数

属　　性	数　　值
固相颗粒物直径 $D/\mu m$	150
固相颗粒物密度 $\rho/(kg/m^3)$	1 150
固相动力黏度 $\eta/(Pa/s)$	0.004 6

续 表

属　　性	数　值
液相密度 $\rho/(kg/m^3)$	998.2
养殖池底部壁面粗糙度 $Ra/\mu m$	0.001
流体黏度 $\eta/(Pa \cdot s)$	0.001 03
自由液面压力 p/Pa	101 325

当养殖池的进口速度为 1 m/s 时,经过模型迭代计算 5 000 次后,流入和流出的质量趋于平衡,残差低于 10^{-4},可以认为计算已收敛。此时可以得到养殖池在监测面 1 和监测面 2 上的速度云图,同时可以获得监测面 1 和监测面 2 上的压力云图。以下为在不同进口速度和水流速度条件下展示的云图。由图 7-4 和图 7-5 可知,当注水速度越快且水流转角速度越大时,养殖池内部的水体流动也越快;在养殖池四周,水流速度较快,而越接近养殖池中央,速度越低。

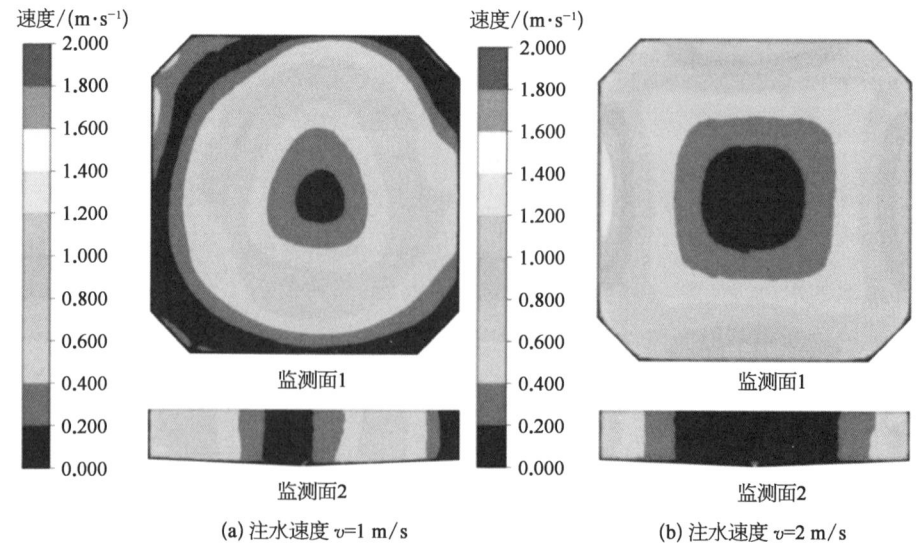

(a) 注水速度 $v=1$ m/s　　　(b) 注水速度 $v=2$ m/s

图 7-4　水流回转角速度 $\omega=0.25$ rad/s 条件下的速度云图

可以发现,在养殖池中心区域有明显的旋流和涡流产生;养殖池池壁附近的水流速度大于轴心区域部分的流速。在低流速区域内,大部分固体颗粒物主

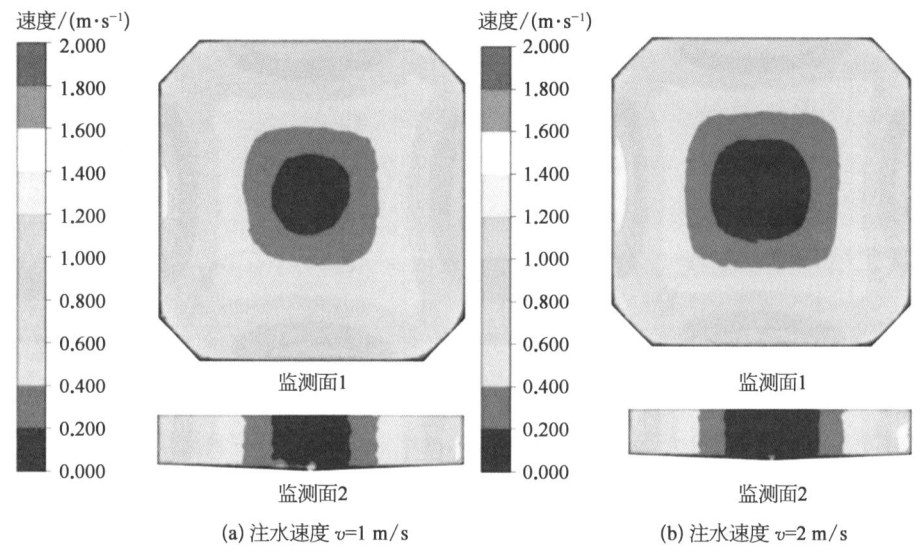

图 7-5 水流回转角速度 $\omega=0.5$ rad/s 条件下的速度云图

要以沉淀为主,沉积的颗粒物容易向中间聚集,这一现象有利于养殖池的污染物集中和排放。

图 7-6 和图 7-7 所示分别为水流回转角速度 $\omega=0.25$ rad/s 和 $\omega=0.5$ rad/s 的速度分布曲线。可以发现,靠近养殖池池壁处的水流速度大于养殖池中心部分的水流速度,固体颗粒物向中间聚集,有利于养殖池中水生生物产生的废料和排泄物等从底部出口排出。

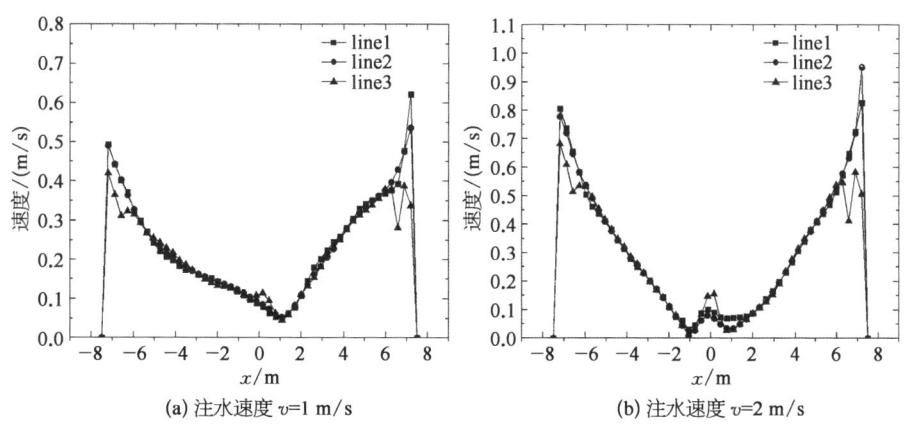

图 7-6 水流回转角速度 $\omega=0.25$ rad/s 下速度分布曲线

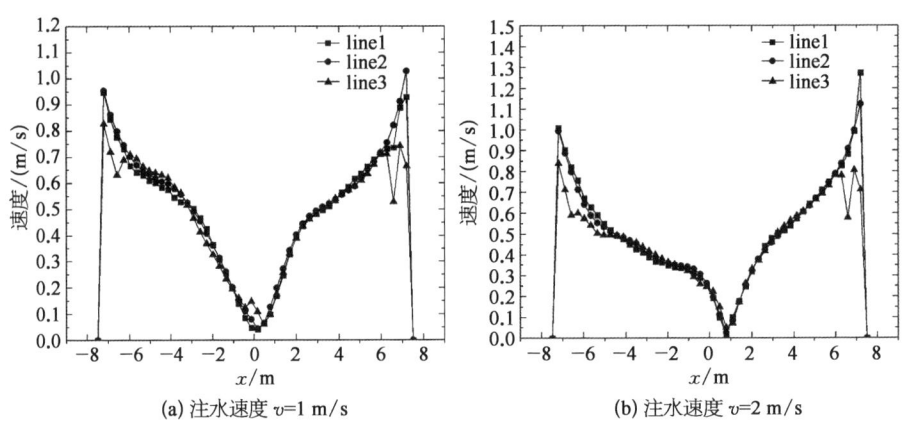

(a) 注水速度 $v=1$ m/s (b) 注水速度 $v=2$ m/s

图 7-7 水流回转角速度 $\omega=0.5$ rad/s 下速度分布曲线

7.1.1.3 两相流数值模拟

1) 计算参数设置

为研究养殖池中两相流动的特性,入水口被设定为速度进口,速度大小为 0.5 m/s;出口被设定为压力出口,压力为 101 325 Pa。对出水口进行颗粒物质量浓度的监测,具体计算参数见表 7-2。

表 7-2 计 算 参 数

属　　性	数　　值
养殖池旋转角速度 $\omega/(\text{rad/s})$	0.25、0.5
入水口速度 $v/(\text{m/s})$	0.5
固相颗粒物直径 $D/\mu m$	150
固相颗粒物密度 $\rho/(\text{kg/m}^3)$	1 150
固相动力黏度 $\eta/(\text{Pa/s})$	0.004 6
液相密度 $\rho/(\text{kg/m}^3)$	1 000
液相动力黏度/(Pa/s)	0.001 003
大气压强 P/Pa	101 325
重力加速度 $g/(\text{m/s}^2)$	9.81

2) 计算结果分析

图 7-8 和图 7-9 分别为旋转角速度为 0.25 rad/s 和 0.5 rad/s 时,养殖池内部的流线图和速度云图。从图中可以看出,养殖池内部存在明显的旋流现象,且在旋转角速度为 0.5 rad/s 时,这种现象更加明显。也就是说,内部流动的紊乱程度越小,养殖池内部流场的湍流强度也相应减少。在这种情况下,有利于固相颗粒物的沉降。

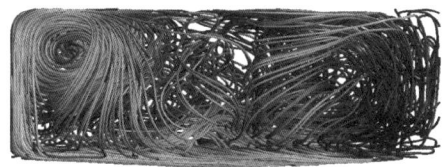

(a) 旋转角速度为 0.25 rad/s　　　　(b) 旋转角速度为 0.5 rad/s

图 7-8　不同旋转角速度下养殖池内部流线图

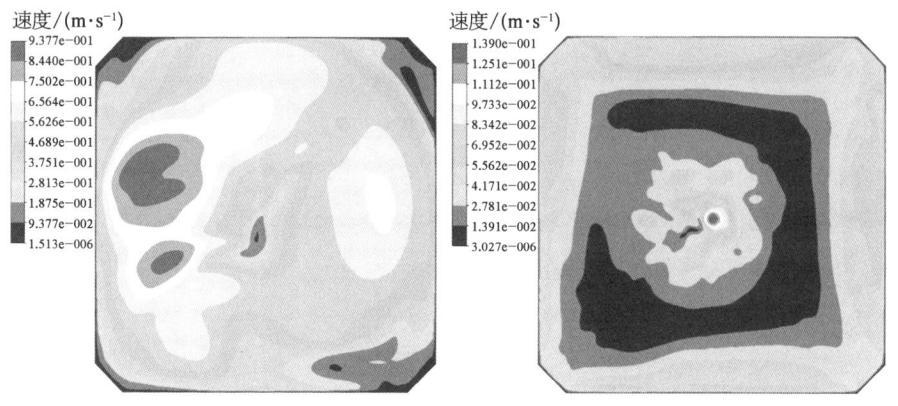

(a) 旋转角速度为 0.25 rad/s　　　　(b) 旋转角速度为 0.5 rad/s

图 7-9　不同旋转角速度下养殖池内部速度云图

如图 7-10 所示,不同坡度的养殖池在两种旋转角速度下监测线上的速度分布曲线。可以看出,旋转角速度对该监测线的速度分布影响较大。根据计算结果,发现养殖池内部流速越大,越不利于固体颗粒物的进一步沉积。

压力分布对固相颗粒物的分布具有一定的影响。图 7-11 所示为不同旋转角速度下监测线上的压力分布情况。图 a 表示旋转角速度 $\omega=0.25$ rad/s 时养殖池内部的流线,图 b 表示旋转角速度 $\omega=0.5$ rad/s 时养殖池内部的压力分布。结果表明:养殖池内部压力越小,说明固相颗粒物受到的作用力越小,从而对颗粒物的沉积效果更佳。

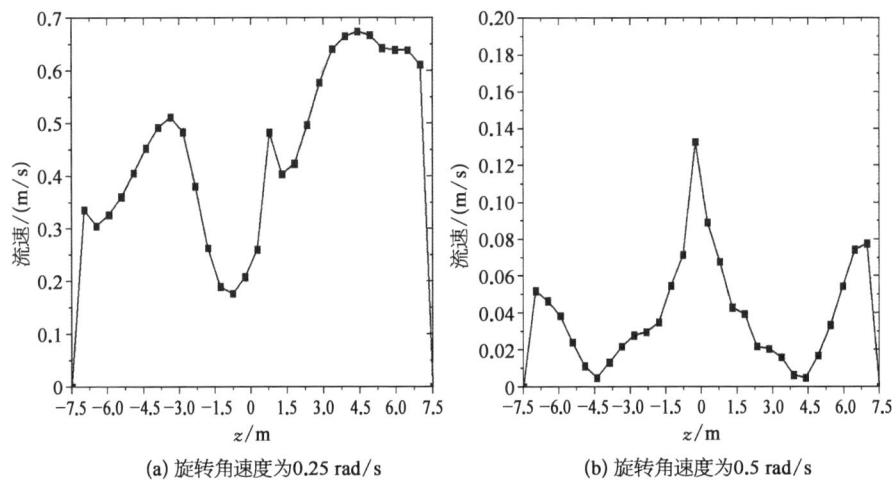

图 7-10　不同旋转角速度下养殖池内部速度分布曲线

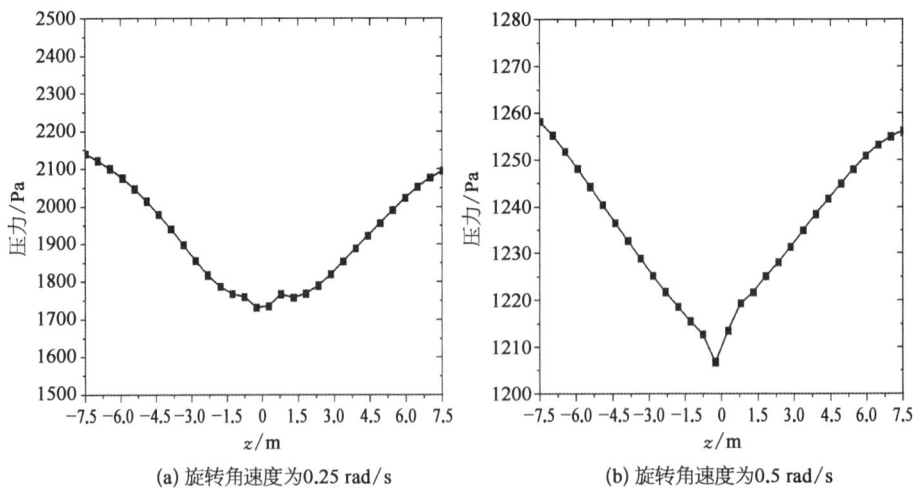

图 7-11　不同旋转角速度下养殖池内部压力分布曲线

图 7-12 和图 7-13 分别显示了在水流回转速度为 0.25 rad/s 和 0.5 rad/s 时,不同注水条件下养殖池内部颗粒物浓度的分布情况。对比图 7-12 和图 7-13 中的颗粒物浓度分布可以发现,当注水速度为 1 m/s 且水流回转速度为 0.25 rad/s 时,养殖池底部出现大面积高浓度颗粒。当注水速度为 1 m/s 且水流回转速度为 0.25 rad/s 时,靠近出水口 2~3 m 的位置出现高浓度颗粒物分布。这说明注水速度和水流回转速度显著影响养殖池内部颗粒物的沉降。

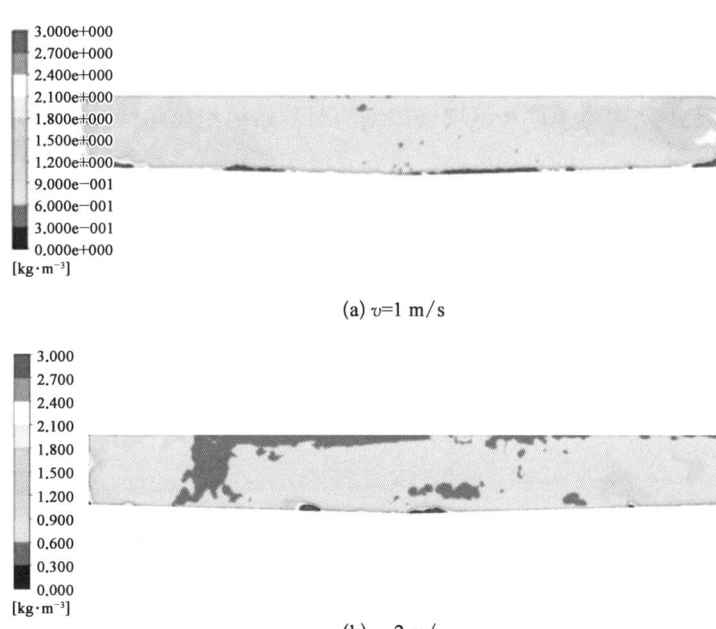

图 7-12 $\omega=0.25$ rad/s 时,养殖池监测面颗粒物浓度分布

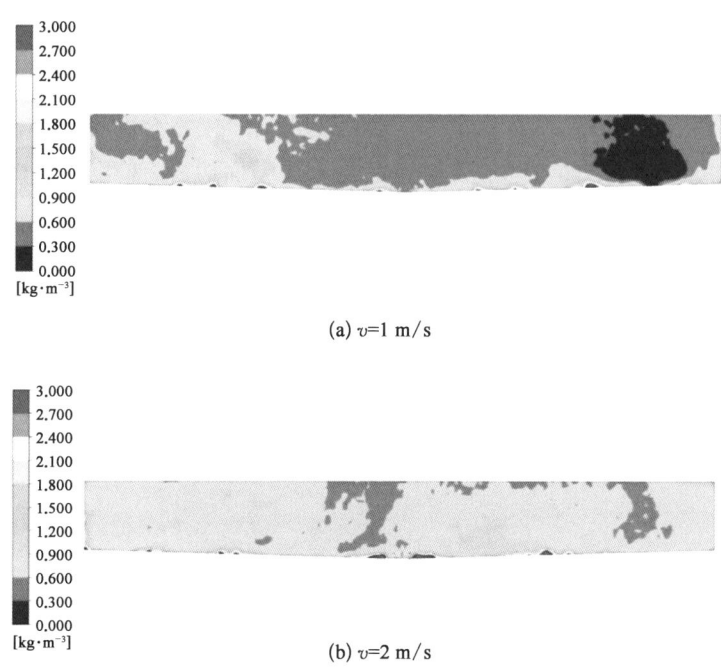

图 7-13 $\omega=0.5$ rad/s 时,养殖池监测面颗粒物浓度分布

7.1.2 不同底面坡度下的水动力特性

为研究不同水力条件和池塘底部结构对养殖池集排污特性的影响机制,针对水循环养殖系统中的单个养殖池建立了液固两相流结构模型,如图 7-14 所示。养殖池的长、宽、高保持不变,通过改变养殖池底面与水平面夹角 α,分别设置为 0°、3°、5°、7°、10°、12°,以得到不同底面坡度结构的养殖池模型。

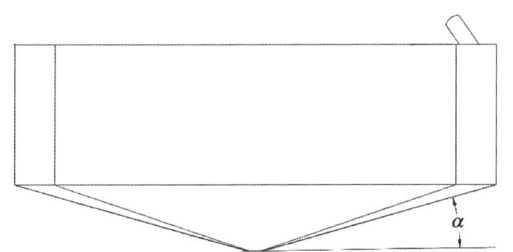

图 7-14 养殖池结构模型和计算模型

由于养殖池水体循环过程中存在大应变率、旋流等复杂流动问题,本文采用适用于描述旋流现象的 RNG k-ε 湍流模型。应用欧拉-拉格朗日理论,将水中的鱼类粪便、饲料等固体颗粒视为球形粒子的离散相,连续相为水。连续相被视为黏性不可压缩流体,离散相利用拉格朗日法进行粒子跟踪。计算模型如图 7-15 所示,进水口采用速度边界条件,对养殖池底部出口采取压力出口边界条件,养殖池底部和壁面均采用壁面边界,使用标准壁面函数。此外,假设水面无剪切和滑移速度,液面压力为大气压,对养殖池液面采用自由边界。

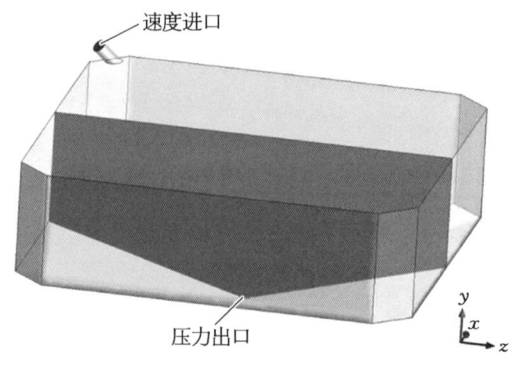

图 7-15 养殖池计算模型

为研究不同参数下养殖池内部流场的分布特性,现设置 $x=0$ 纵截面和锥段上表面作为流场监测面,以监测这两个面的流场分布特性。将纵截面与锥段上表面的交线设置为监测线,以监测该线上的速度分布。同时,在出水口设置监测面,以监测该面上的出口粒子质量浓度,如图 7-16 所示。

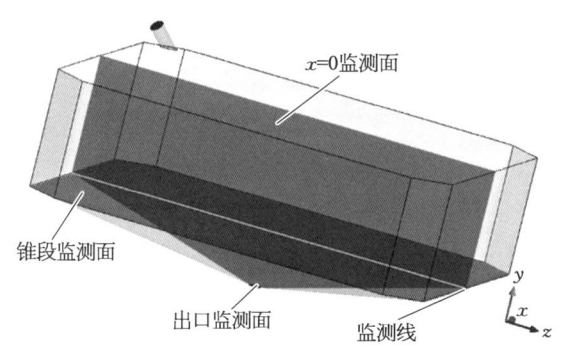

图 7-16 监测位置示意图

7.1.2.1 单相流数值模拟

图 7-17 所示为位于锥段监测面上的速度云图,其中图 7-17(A)为养殖池水流回转角速度 $\omega=0.25\ \text{rad/s}$ 时,不同底面坡度下的速度云图;图 7-17(B)为养殖池水流回转角速度 $\omega=0.5\ \text{rad/s}$ 时,不同底面坡度下的速度云图。

计算结果表明:养殖池底面与水平面夹角越大,旋流动越明显,即内部流动的紊乱程度越小,养殖池内部流场的湍流强度也会相应减少。在这种情况下,有利于固相颗粒物的沉降;当养殖池底面与水平面夹角为 12°时,养殖池内部的紊乱程度相对较小,有利于固体颗粒物在养殖池底部沉积。

压力分布对固相颗粒物的分布具有一定影响。图 7-18 所示为不同旋转角速度下监测线上的压力分布,图 a 为旋转角速度 $\omega=0.25\ \text{rad/s}$ 时的养殖池压力分布,图 b 为旋转角速度 $\omega=0.5\ \text{rad/s}$ 时的养殖池内部压力分布。从图中可以看出,当旋转角速度 $\omega=0.25\ \text{rad/s}$ 时,随着 α 的增大,该监测线上的压力分布减小;当旋转角速度 $\omega=0.5\ \text{rad/s}$ 时,监测线上的压力分布不会随着 α 的改变呈线性变化。结果表明:养殖池内部压力越小,说明固相颗粒物受到的作用力越小,越有利于颗粒物的沉积。

图 7-19 所示为不同坡度养殖池在两种旋转角速度下的监测线速度分布曲线。从图中可以看出,当 $\alpha=12°$ 时,监测线上的速度分布较为均匀,且在这

种情况下流速较小,有利于固体颗粒物的进一步沉积。监测线中段靠近出水口处,由伯努利方程可知,该处流速相对较大,即湍流动能较大。

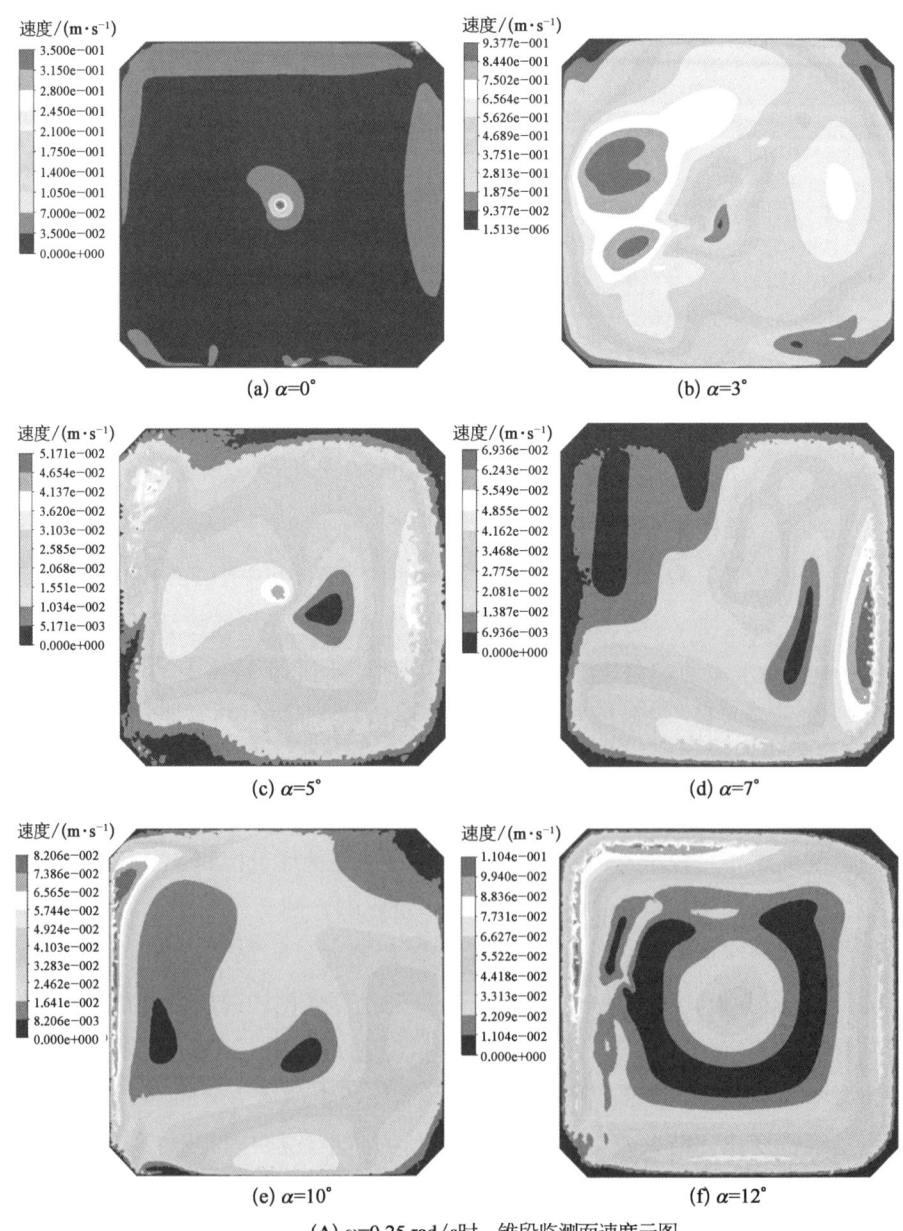

(a) $\alpha=0°$　　(b) $\alpha=3°$
(c) $\alpha=5°$　　(d) $\alpha=7°$
(e) $\alpha=10°$　　(f) $\alpha=12°$

(A) $\omega=0.25$ rad/s时,锥段监测面速度云图

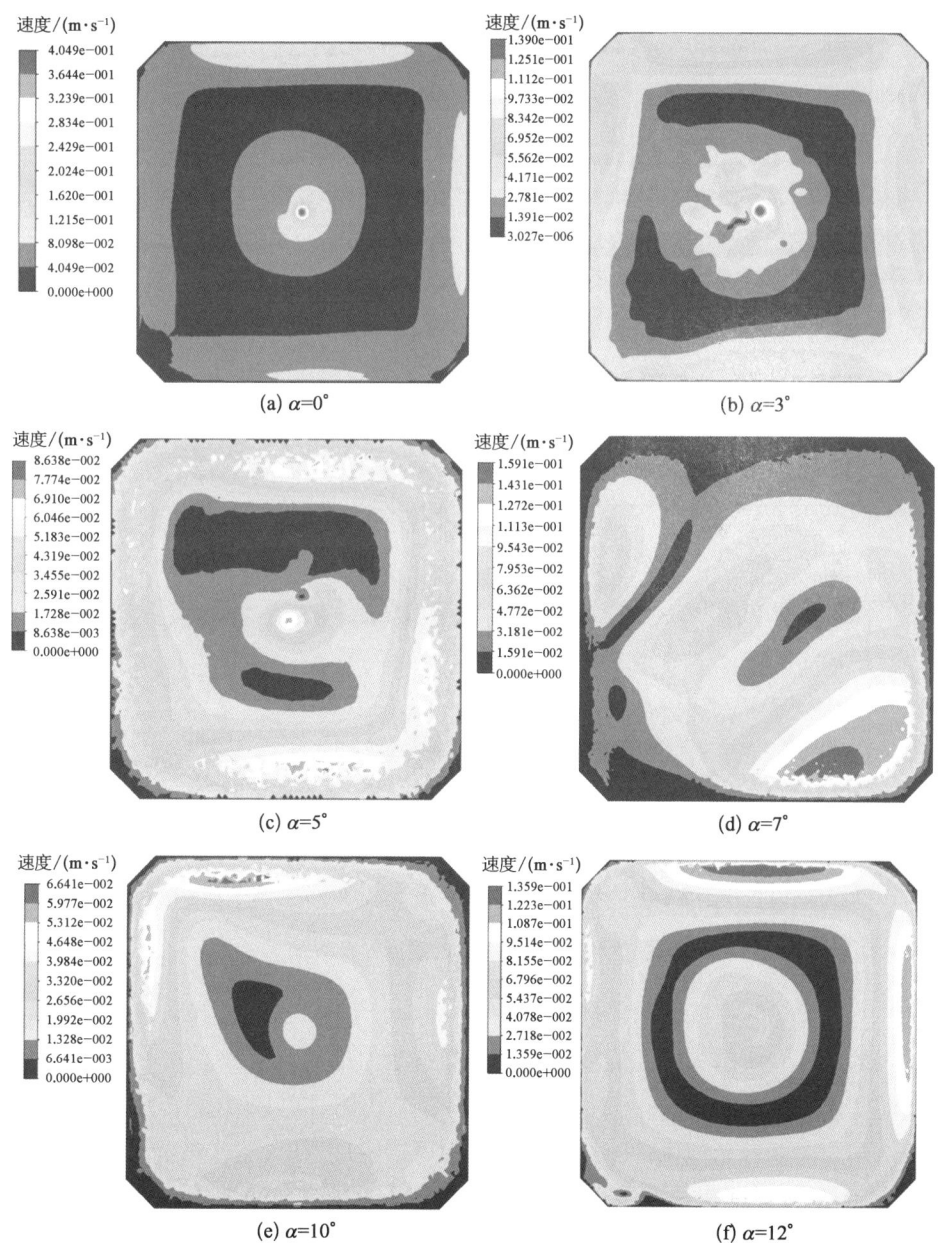

(B) $\omega=0.5$ rad/s时，锥段监测面速度云图

图 7-17 不同旋转角速度下锥段监测面速度云图

第 7 章 分割式池塘循环水养殖系统水动力特性

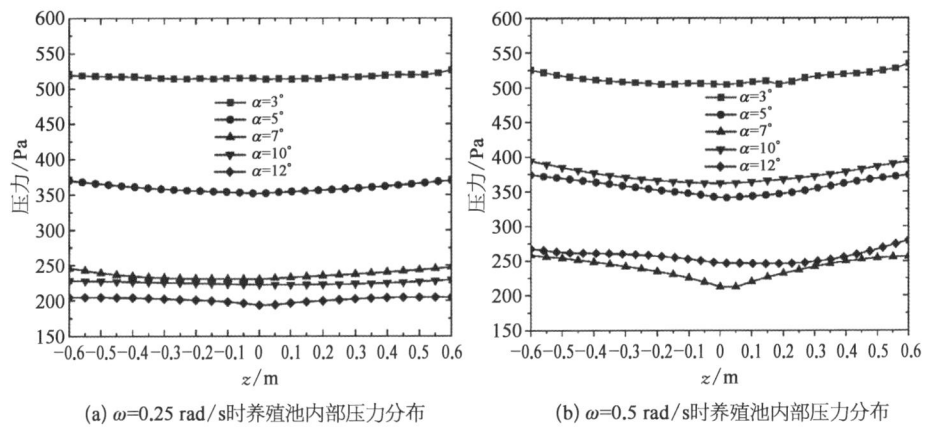

(a) ω=0.25 rad/s时养殖池内部压力分布　　(b) ω=0.5 rad/s时养殖池内部压力分布

图 7-18　不同旋转角速度下养殖池内部压力分布图

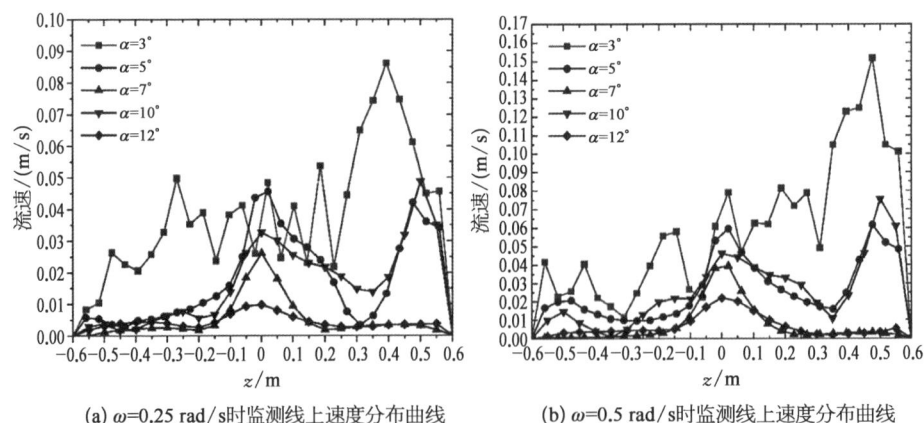

(a) ω=0.25 rad/s时监测线上速度分布曲线　　(b) ω=0.5 rad/s时监测线上速度分布曲线

图 7-19　监测线上的速度分布曲线

7.1.2.2　两相流场数值模拟

图 7-20 所示为不同旋转角速度下养殖池内部的流线图。其中,图(A)为旋转角速度 ω=0.25 rad/s 时的养殖池内部流线图,图(B)为旋转角速度 ω=0.5 rad/s 时的养殖池内部流线图。从图中可以明显看出,随着养殖池底部坡度的增加,旋流动现象越明显,其紊乱程度越小,即湍流动能越小。计算结果表明:养殖池底面与水平面夹角越大,旋流动越明显,即内部流动紊乱程度越小,养殖池内部流场的湍流强度也会相应减少。

出口粒子质量浓度大小是评价养殖池净水性能的重要指标,出口粒子质量浓度越小,养殖池净水效能越好。图 7-21 所示为不同坡度养殖池在两种旋转

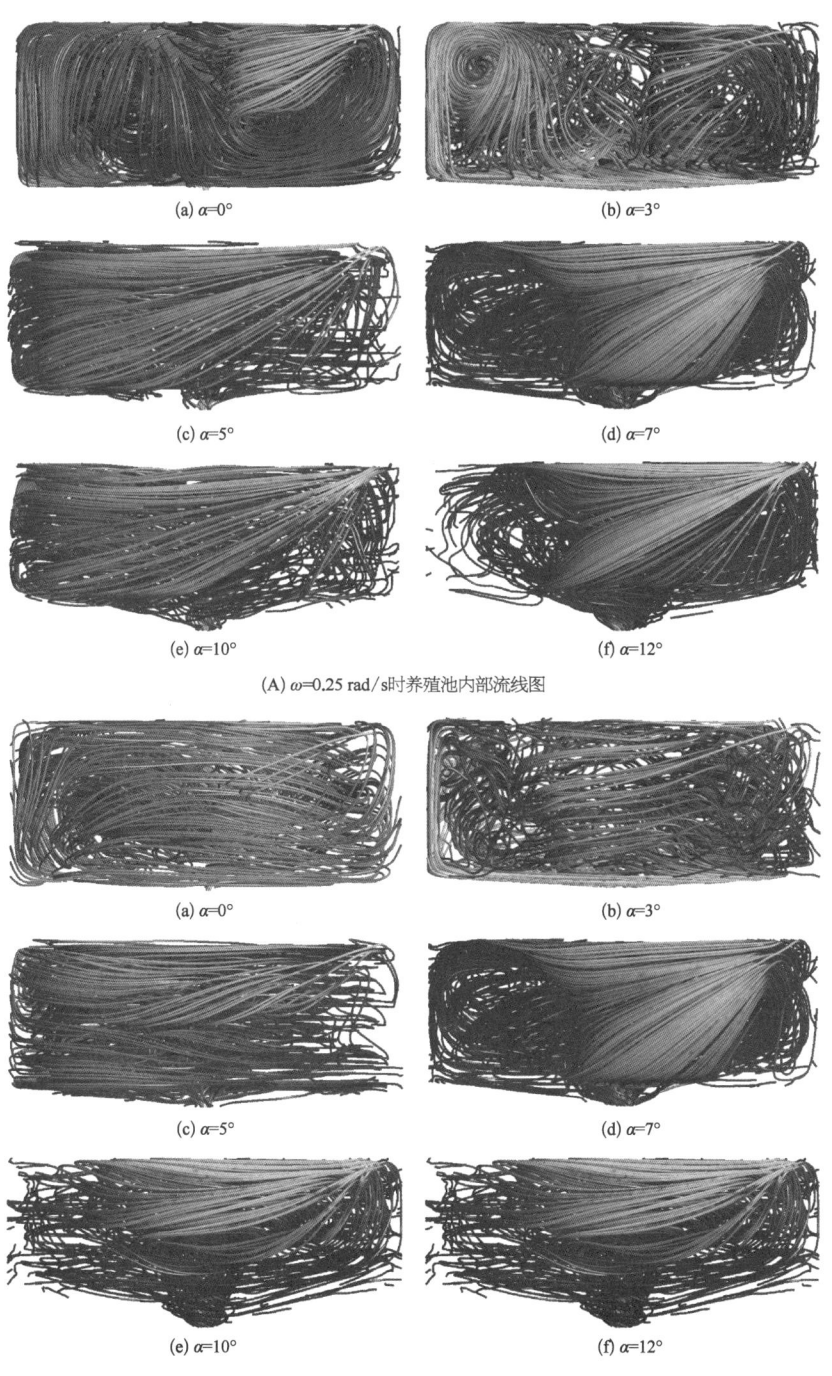

图 7-20 不同旋转角速度下养殖池内部流线图

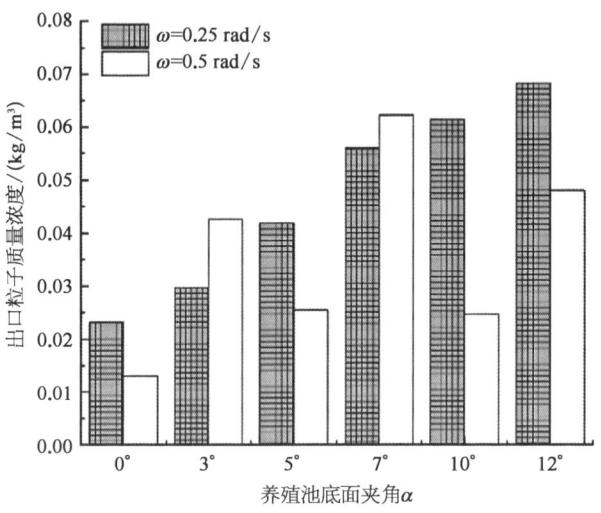

图 7-21 不同坡度养殖池在两种旋转角速度下的出口粒子质量浓度

角速度下的出口粒子质量浓度。结果表明,养殖池的净水效能与底面坡度有一定关系。底面坡度过大不仅会增加施工难度,还会减少鱼类的活动空间;当底部坡度小于 5°时,颗粒物分离效率偏低。随着坡度的增加,养殖池的净水效能逐渐增强。然而,旋转角速度过大会破坏鱼类生存条件并损伤鱼体。当 $\alpha=12°$ 且 $\omega=0.25 \text{ rad/s}$ 时,养殖池的净水效能最高。

7.2 养殖池塘全域水动力特性分析

深入了解分割式池塘养殖系统的整体流动特性具有多重益处。首先,这有助于优化系统设计,确保水体内养殖物质均匀分布,减少死水区和局部流速过快的问题,从而提高养殖效率[54]。其次,全面了解水体的流动情况有助于更好地管理水质,确保氧气、溶解物质和固体颗粒物均匀分布,降低污染物浓度,提高水质稳定性。此外,通过研究流动特性,可以有效利用水体,减少能耗和资源浪费,提升养殖系统的经济效益。优化流动特性还有助于降低废水排放和水体污染,使养殖活动更加环保和可持续。最重要的是,深入研究这些特性为科研和技术发展提供了重要的基础,推动了养殖系统的不断创新与进步。

7.2.1 几何结构模型

推动装置在分割式循环水养殖系统中展示出优异的机械推动水流能力，其特点包括低能耗、高效率及水流的稳定性。针对池塘养殖中设施化水平不足、净化功能弱和排污能力差的问题，田昌凤[9]等开发了一款集成推动装置的创新分割式循环水养殖系统。如图7-22所示，实验结果验证了该养殖系统推动装置的高效机械推水性能，确保了低能耗运作，同时实现了高效能和水流的稳定。

图7-22 分割式池塘循环水养殖系统

池塘占地面积约为 300 m×40 m，配备了6个相互连接的内部养殖池。每个池由不锈钢制成，呈切角方形设计，边长为15 m。每个养殖池的底部中央设计有一个通孔，该通孔配备连接管道，以便在螺旋桨式和水车式推流装置的作用下，实现水体循环和旋转流动。此设计利用涡流原理，有效地将鱼类排泄物、残余饲料等颗粒物通过管道输送至池边的两个水井中。经过沉淀处理的两相溶液随后通过水井底部的管道传输至水池左侧区域，经过滤杂食性鱼类养殖区的生态沟渠过滤处理后，水流继续通过水堰进入滤杂食性鱼类养殖区。为了确保水体在滤杂食性鱼类养殖区内的均匀稳定流动，特别设置了导流墙引导水流。最终,水流通过螺旋桨式抽水泵重新注入水池,形成一个全域水流循环流动的自净水生态养殖系统。为便于仿真分析,该系统的布局被简化如图 7-23 所示。

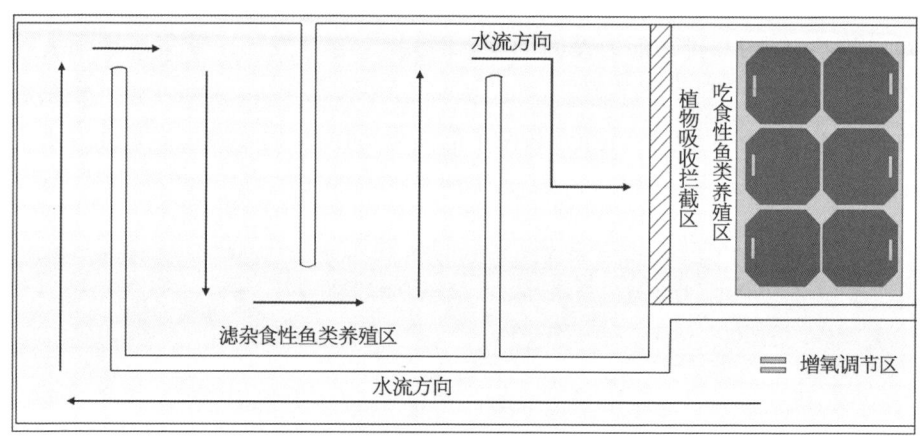

图 7-23　分割式池塘养殖系统布置图

7.2.2　全域系统的水循环特性数值模拟

针对池塘全域水循环流动特性,建立了全域水循环流动的二维数值计算模型,研究了养殖系统的水动力学特性。图 7-24 和图 7-25 展示了部分数值模拟结果。

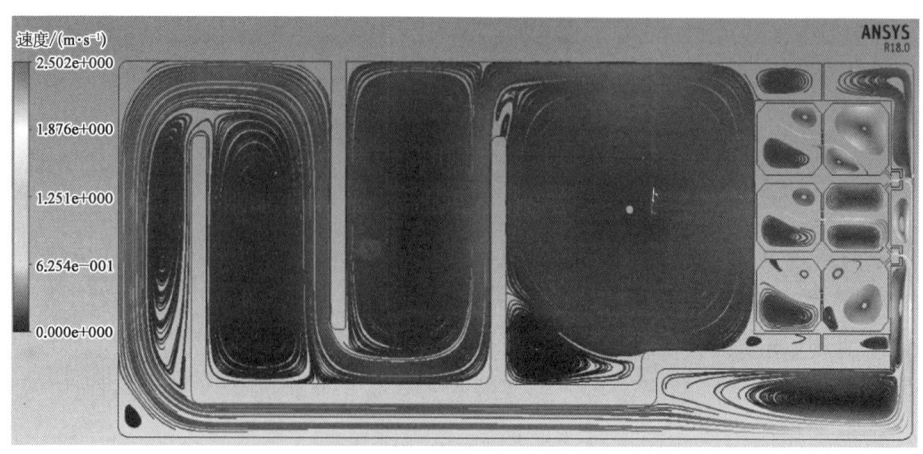

图 7-24　池塘全域水循环流动的二维数值模拟

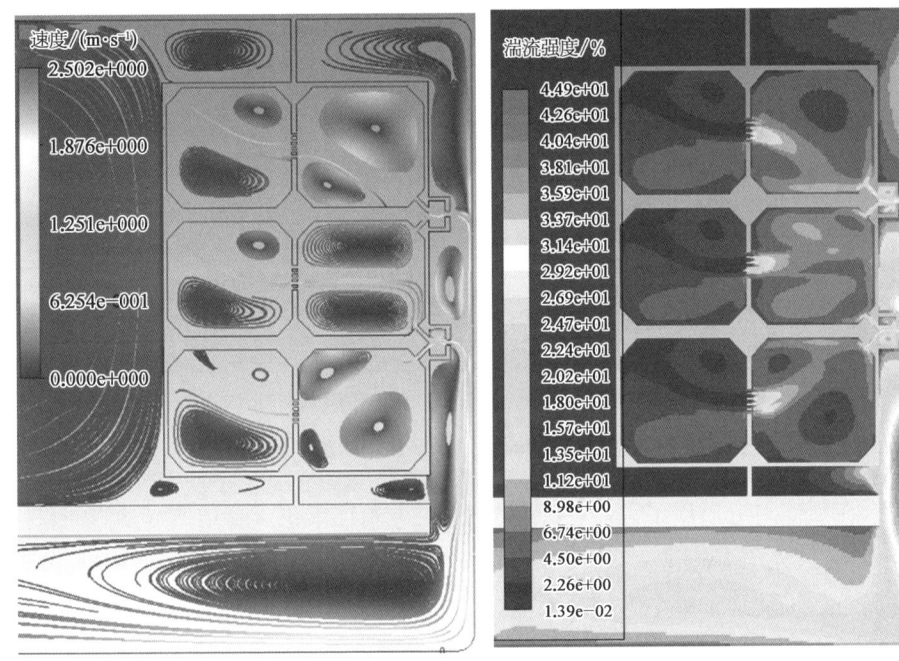

图 7-25　养殖池附近的流速与紊流强度

进口速度为 1.4 m/s 和 1.8 m/s 时，池塘全域水循环流动的速度流线图如图 7-26 所示。从图中可以明显看出，注入分割式养殖池的水，在推流装置的作用下，以及水池自身结构的影响下，形成了有利于集污排污的漩涡流。池中的固体颗粒物通过水池底部的管道被排出，进入生态沉淀池。生态沉淀池与水质净化区相连，经过丁坝的水流由于阻流作用，水流速度减小，局部流态复杂且

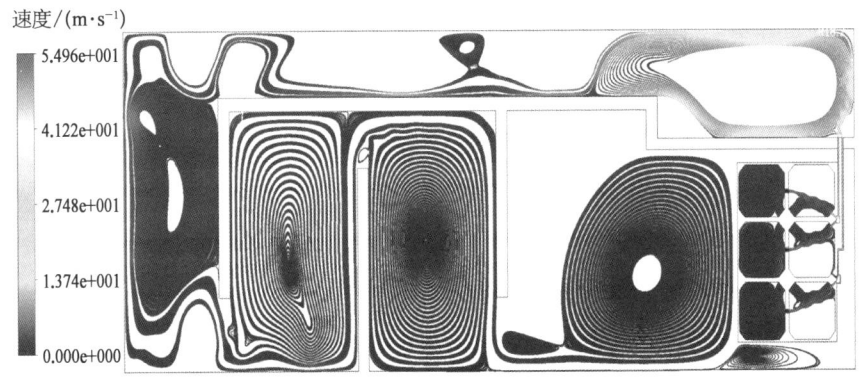

(a) 进口速度为 1.4 m/s 时的池塘全域水循环流动的流线图

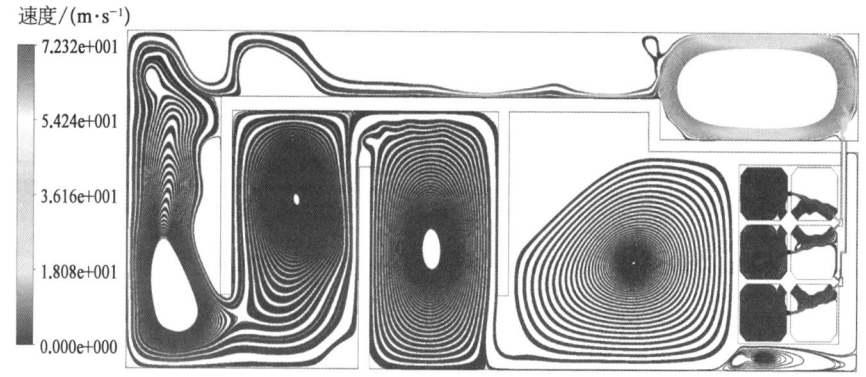

(b) 进口速度为1.8 m/s时的池塘全域水循环流动的流线图

图 7-26 池塘全域水循环流动的流线图

紊乱,在坝体附近形成了涡流,为杂食性鱼类养殖区提供了合适的水动力条件。养殖水经过人工湿地进一步净化后,进入生态增氧区,并通过水泵抽取回到玻璃钢养殖池,实现了整个系统的水循环。

7.3 分割式循环水养殖系统研究总结

本章在前面已经验证数值计算方法有效性的基础上,通过数值研究分析单个养殖池水循环过程的单相流动特性和液固两相流动特性。我们探讨了不同水力条件和池塘底部坡度对颗粒物分离效率和水体净化效能的影响机制。利用CFD数值计算软件,建立了全域养殖系统的非定常数值计算模型,以研究分割式池塘养殖系统水循环过程的流动特性。主要得出以下结论:

(1) 在单个养殖池的水循环特性数值模拟中,可以看到在养殖池中心区域有明显的旋流和涡流产生。养殖池池壁附近的水流速度大于轴心区域的流速。在低流速区域内,大部分固体颗粒物主要以沉淀为主,沉积的颗粒物容易向中间聚集,有利于养殖池的集污排污功能。

(2) 随着养殖池底面坡度的增加,养殖池内部流态的紊乱程度减小,流场的湍流强度也相应减小,有利于固体颗粒物的沉降。养殖池底面坡度越大,其底部出口附近的压力越小,颗粒物受到的作用力就越小,更有利于固体颗粒物的沉积。

（3）养殖池的净水效能与底面坡度、水流回转速度具有一定关系。在养殖池旋转角速度一定时，随着坡度的增加，养殖池的净水效能逐渐增强。计算结果表明：当 $\alpha=12°$ 且 $\omega=0.25$ rad/s 时，该型养殖池的净水效能最高。

（4）研究发现，进口速度对养殖池流动稳定性具有重要影响，合理选择进口速度可以避免池内不利流动现象。设定进口速度为 1.4 m/s 和 1.8 m/s 时，随着进口速度的增加，水池中部的低速区域面积逐渐减小，外部旋流区域面积增大，池塘整体流体速度加快，同时流场的湍流强度加强。流场的速度均匀性增加，形成旋流，有利于固相颗粒的沉积，提高集污排污的能力。然而，当进口速度增大到 1.8 m/s 时，养殖池内部流场出现明显的回流和旋涡，容易损坏养殖鱼体，因此不适合作为进口流速。相反，当进口速度为 1.0 m/s 和 1.4 m/s 时，内部流场没有明显的回流，对鱼体的损害较小，因此较适合作为进口流速。尤其是 1.4 m/s 的进口流速输送效率更高，在不损害鱼体的条件下，更适合作为养殖池的进口速度。本研究的结果为养殖池设计和运营中进口速度的选择提供了科学依据，有助于优化养殖环境，从而促进养殖生物的健康成长。此外，这些洞察还为进一步的养殖系统设计和管理研究提供了有价值的参考。

（5）注入分割式养殖池的水，在推流装置的作用和水池自身结构的影响下，形成了有利于集污排污的旋涡流。池中的固体颗粒物通过水池底部管道排出，进入生态沉淀池。生态沉淀池连接水质净化区，水流经过丁坝时，由于其阻流作用，水流速度减小，局部流态复杂紊乱，在坝体附近形成涡流，为杂食性鱼类养殖区提供了合适的水动力条件。养殖水经人工湿地进一步净化后，进入生态增氧区，并通过水泵抽取回到玻璃钢养殖池，实现整个系统的水循环。

第 8 章

总结与展望

在经过细致查阅国内外有关养殖池水动力研究,并充分理解养殖池水动力理论与数值计算相关方法后,本书详细列举了国内外专家在养殖池方面的创新与研究,分析了目前循环水养殖池的现状,指出了循环水养殖池在各个方面存在的问题。针对循环水养殖池现存的问题,本书深入探讨了养殖池的几何形状、进出水结构、养殖池配套装置(如水车式增氧机)等对水产养殖系统的影响,并对作者参与的分割式循环水养殖系统进行了数值计算分析,为养殖池研究提供了一系列科学研究与实证分析。通过系统的理论与实践相结合,本书不仅阐述了养殖池设计的基本原理,还探讨了不同结构如何影响养殖池水动力特性、自净化效能、能量利用效能等。

8.1 内容总结

8.1.1 养殖池几何形状的重要性

养殖池的几何结构对水体循环与生物生长有重大影响,同时不同的几何结构具有不同的空间利用率,对实际生产的成本有较大影响。书中第 3 章详细讨论了不同形状(如方形、圆形、不同切角等)对养殖池水动力的影响。研究表明,尽管方形池在结构上简单,易于管理,但在水体流动和氧气溶解方面,圆形池具备更佳的性能。通过对比实验,发现圆形养殖池能有效减少死水区,从而提高水质和生物的生长率。但在实际的空间利用率方面,圆形池与较大切角的方形养殖池较低,这不仅增加了实际应用时养殖模式的设计难度,同时也增加了生产成本。在进行养殖池几何结构设计时,不仅要考虑几何结构对水动力性能、自净化效能等方面的影响,也要考虑在实际应用时的空间利用率与成本控制,在一个合适的设计范围内将养殖池的经济效益达到最大化。

8.1.2　射流式进水结构设计对养殖池的影响

进水结构直接影响养殖池的水质和生态平衡。本书分析了简单射流式进水结构的布置数量及养殖池中废弃颗粒物密度对养殖池水动力和自净化效能等方面的影响。同时,将简单射流式进水装置改进为组合式射流式进水装置,使养殖池的水流更加均匀,减少水流速度在某一位置过于集中的现象。之后,设计了不同的方案,研究了组合式射流式进水装置的布置位置对养殖池的影响。本书通过设置不同射流式进水装置方案进行对比实验,对每种方案进行分析比较,寻找合适的射流式进水装置布置方案。对于进水管的布置数量而言,随着布置数量的减少,养殖池整体的流动均匀性指数不断增大,形成的环流不断增强,减少了养殖过程中废弃颗粒物的聚集,提高了养殖池的自净化效能。与普通射流式进水方式相比,组合射流式进水方式能够减少死水区的出现,使养殖池的流速更加均匀,减少水中含氧量的流失。

8.1.3　水车式增氧机对养殖池的影响

在分割式循环水养殖系统中进行高密度养殖时,为保证单个养殖池的养殖效率,需要维持池内含氧量和营养物质的均匀分布,并确保整体流动的均匀性和颗粒物的排出率。因此,需要在养殖池内布置增氧装置。水车式增氧装置不仅能够提高水体的含氧量,还能改善养殖池的流动均匀性和颗粒物的排出率,增强水动力性能。本书第 5 章通过数值计算研究了水车式增氧机的布置位置与角度对养殖池在涡流强度、水流均匀性指数、自净化效能等方面的影响。研究表明,合适的摆放位置和角度不仅可以提高养殖池水体的混合程度,还能增强自净化效能,提高废弃颗粒物的排出率。

8.1.4　出水结构的优化

出水结构对于养殖池的水质管理至关重要。书中指出,出水口的设计必须考虑水流的速度、流量及水体的整体流动性。通过研究传统出水和分流出水结构,发现传统出水口结构简单,功能单一,在某些场合效果不理想;分流出结构虽然能够有效控制水温,确保水中的有机物和沉淀物不被带走,保持养殖池的生态平衡,但对于分流出水结构中底流口的结构和功能原理及其对养殖池的影响尚未进行深入研究。因此,本书以国外专利中的导流盘为研究对象,通过改变导流盘的几何结构、位置,以及在底面坡度养殖池中的使用,具体研究分流出水装置中导流盘对养殖池性能的影响。研究表明,通过调整不同导流盘的直径与布置高度,改变局部与整体流场的流动特性,可以改善养殖池整体的水动力特性,并增强养殖池的自净化性能。

8.1.5　分割式循环水养殖系统与养殖单元的水动力分析

尽管在应用过程中对分割式池塘循环水养殖系统的功能与经济效益已有初步了解,但对于其作用机理和水动力性能仍不够清晰。为深入探究分割式循环水养殖系统的水动力特性,本书第 7 章以自身参与的分割式池塘循环水养殖系统为对象,在结合已有实验数据的基础上,通过数值计算方法对单个养殖单元与整个循环水养殖系统的水动力特性进行分析。结果表明,总体养殖系统在推水装置及其结构的影响下,可以形成较好的环流状态,有利于增强颗粒物的排出。对于养殖单元,其水动力特性和集污性能与养殖池的底面坡度、入口速度等因素有关。随着坡度的增加,养殖池水流均匀性提高,更易形成环流,有利于颗粒物的沉降和排出。其中,入口速度需要综合考虑水流速度对养殖鱼类及池内环流的影响,根据不同情况采用不同的入口速度。

8.2　未来展望

目前,对于循环水养殖模式的研究主要集中在养殖池及其相关结构,而在养殖过程中的其他方面研究较少。未来循环水养殖系统的研究不仅需要深入探讨循环水养殖池的结构对水动力和集污特性的影响,还需要对循环水养殖池的其他方面进行深入研究。针对循环水养殖池的研究展望,主要可以从以下几个方面进行探讨。

8.2.1　智能设备在养殖过程中的应用

智能设备在循环水养殖池中的应用正在深刻改变传统养殖模式。随着技术的进步,特别是物联网、人工智能和大数据技术的快速发展,水产养殖进入了智能化的新时代。实时监测设备、自动化控制系统、喂养设备、照明与温控系统等智能设备在养殖池中的应用不仅提高了生产效率,还能降低人力成本并改善工作环境。在今后的研究中,可以探究智能化设备对养殖池集污水动力的影响。

8.2.2 循环水系统的能效优化与创新

目前使用的循环水养殖系统在某些方面存在或多或少的问题尚未解决。因此,需要深入研究现有养殖系统的运作方式与结构,解决其中的不足,或者寻找一种更加新型的养殖模式,将水产养殖与绿色植物种植、其他动物喂养等方面相结合,合理利用养殖过程中的废弃物。这不仅可以解决现有养殖系统的问题,还能提高养殖效率和经济效益,减少资源浪费和环境破坏。

8.2.3 养殖池研究方法的创新

当前的养殖池性能研究主要依靠实验验证与数值计算仿真进行。但现有方法中仍存在许多不确定性和不足。实验验证方法中,养殖池实验设备不足或过于简陋,一比一实验验证成本过高,使用的实验方法过于陈旧,这些都可以成为今后的研究目标。在数值计算方法方面,数值理论可以更加具体地论述,数值计算软件需要简化,并集中模拟仿真功能等,均需进一步研究。

在总结各章节内容后,本书展望了养殖池研究的未来发展方向。随着科技的进步和环保意识的增强,未来的养殖池研究将更加侧重于智能化、自动化与生态化的结合。

参考文献

[1] Fao. The State of World Fisheries and Aquaculture: Sustainability in Action[R]. Food and Agriculture Organization of the United Nations, Rome, 2020.

[2] 农业农村部渔业渔政管理局.2024中国渔业统计年鉴[M].北京:中国农业出版社,2024.

[3] 孙龙启,刘慧.国内外循环水养殖专利分析及启示[J].中国工程科学,2016,18(3):115-120.

[4] 王江竹,宛立,任效忠,等.循环水养殖中水动力特性对鱼类影响的研究进展[J].水产科学,2020,39(3):458-464.

[5] Masser M P. Cages and in-pond raceways[J]. Developments in Aquaculture and Fisheries Science, 2004, 34: 530-544.

[6] 刘栋,张成龙,朱健.池塘循环水养殖系统构建及其生态净化效果研究进展[J].中国农学通报,2018,34(17):145-152.

[7] 金武,罗荣彪,顾若波,等.池塘工程化养殖系统研究综述[J].渔业现代化,2015,42(1):32-37.

[8] 唐天乐,杨晓妹,唐文浩.封闭循环水集约化养殖池塘的生态设计与性能研究[J].海洋环境科学,2011,30(2):243-246.

[9] 田昌凤,刘兴国,车轩,等.分隔式循环水池塘养殖系统设计与试验[J].农业工程学报,2017,33(8):183-190.

[10] 安丰和.基于池塘跑道式循环水环境罗非鱼生长模型的研究[D].南京:南京农业大学,2019.

[11] 王峰,雷霁霖,高淳仁,等.国内外工厂化循环水养殖模式水质处理研究

进展[J].中国工程科学,2013,15(10):16-23,32.

[12] 汪翔,崔凯,李海洋,等.池塘养殖跑道流场特性数值模拟及集污区固相分布分析[J].农业工程学报,2019,35(20):220-227.

[13] Brune D E, Schwartz G, Eversole A G, et al. Partitioned aquaculture systems[J]. Developments in Aquaculture & Fisheries Science, 2004, 34(34): 561-584.

[14] Andrew M L, Deborah B P, Jeffrey E H. Preliminary Evaluation of Gulf Sturgeon Production and Sustainability of a Zero-Discharge Tank Water Recirculating Tank System[J]. North American Journal of Aquaculture, 2008, 70(3): 281-285.

[15] 陈军,徐皓,倪琦,等.我国工厂化循环水养殖发展研究报告[J].渔业现代化,2009,36(4):1-7.

[16] 李琦,李纯厚,颉晓勇,等.对虾高位池循环水养殖系统对水质调控效果研究[J].农业环境科学学报,2011,30(12):2579-2585.

[17] 黄国强,李德尚,董双林.一种新型对虾多池循环水综合养殖模式[J].海洋科学,2001(4):48-49.

[18] 李谷,吴恢碧,姚雁鸿,等.循环流水型池塘养鱼生态系统设计与构建[J].渔业现代化,2006(4):6-7.

[19] 农业农村部."十四五"全国渔业发展规划[R].中国水产,2022,555(2):7-19.

[20] 顾兆俊,刘兴国,朱浩,等.高效养殖池塘系统模式构建技术研究与应用[J].农业与技术,2017,37(7):130-131.

[21] 胡金城,于学权,辛乃宏,等.工厂化循环水养殖研究现状及应用前景[J].中国水产,2017(6):94-97.

[22] Van R Jaap. Waste treatment in recirculating aquaculture systems[J]. Aquacultural Engineering, 2013, 53: 49-56.

[23] 王平,陈丽娇.中国工厂化海水养殖业现状、问题及发展思路[J].农业展望,2017,13(9):76-79.

[24] Duarte S, Reig L, Masaló I, et al. Influence of tank geometry and flow pattern in fish distribution[J]. Aquacultural Engineering, 2011, 44(2): 48-54.

[25] Timmons M B, Summerfelt S T, Vinci B J. Review of circular tank technology and management[J]. Aquacultural Engineering, 1998, 18(1): 51 – 69.

[26] Oca J, Masalo I. Design criteria for rotating flow cells in rectangular aquaculture tanks[J]. Aquacultural Engineering, 2006, 36(1): 36 – 44.

[27] 薛博茹, 姜恒志, 任效忠, 等. 进径比对方形圆弧角养殖池内流场特性的影响研究[J]. 渔业现代化, 2020, 47(4): 20 – 27.

[28] 刘乃硕, 刘思, 俞国燕. 两种双通道圆形养殖池水动力特性的数值模拟与研究[J]. 渔业现代化, 2017, 44(3): 1 – 6.

[29] 魏武. 循环水圆形养殖池数值模拟及结构优化[D]. 湛江: 广东海洋大学, 2013.

[30] Labatut R A, Ebeling J M, Bhaskaran R, et al. Hydrodynamics of a Large-scale Mixed-Cell Raceway (MCR): Experimental studies[J]. Aquacultural Engineering, 2007, 37(2): 132 – 143.

[31] Labatut R A, Ebeling J M, Bhaskaran R, et al. Exploring flow discharge strategies of a mixed-cell raceway (MCR) using 2 – D computational fluid dynamics (CFD)[J]. Aquacultural Engineering, 2015, 66: 68 – 77.

[32] Labatut R A, Ebeling J M, Bhaskaran R, et al. Modeling hydrodynamics and path/residence time of aquaculture-like particles in a mixed-cell raceway (MCR) using 3D computational fluid dynamics (CFD)[J]. Aquacultural Engineering, 2015, 67: 39 – 52.

[33] Stockton K A, Moffitt C M, Watten B J, et al. Comparison of hydraulics and particle removal efficiencies in a mixed cell raceway and Burrows pond rearing system[J]. Aquacultural Engineering, 2016, 74: 52 – 61.

[34] Summerfelt S T, Davidson J W, Waldrop T B, et al. A partial-reuse system for coldwater aquaculture[J]. Aquacultural Engineering, 2004, 31(3): 157 – 181.

[35] Zhang Q, Zhou Y X, Ren X Z, et al. Numerical simulation of hydrodynamics in dual-drain aquaculture tanks with different tank structures[J]. Ocean Engineering, 2022, 265.

[36] 史宪莹,李猛,任效忠,等.长宽比对双进水管结构矩形圆弧角养殖池排污特性的影响[J].大连海洋大学学报,2023,38(4):707-716.

[37] 桂劲松,张倩,任效忠,等.圆弧角优化对单通道方形养殖池流场特性的影响研究[J].大连海洋大学学报,2020,35(2):308-316.

[38] Xue B R, Zhao Y P, Bi C W, et al. Investigation of flow field and pollutant particle distribution in the aquaculture tank for fish farming based on computational fluid dynamics[J]. Computers and Electronics in Agriculture, 2022, 200.

[39] 张俊,王明华,贾广臣,等.不同池型结构循环水养殖池水动力特性研究[J].农业机械学报,2022,53(3):326-335.

[40] Watten B J, Honeyfield D C, Schwartz M F. Hydraulic characteristics of a rectangular mixed-cell rearing unit[J]. Aquacultural Engineering, 2000, 24(1):59-73.

[41] Carvalho R A P L F, Lemos D E L, Tacon A G J. Performance of single-drain and dual-drain tanks in terms of water velocity profile and solids flushing for in vivo digestibility studies in juvenile shrimp[J]. Aquacultural Engineering, 2013, 57:9-17.

[42] 张俊,贾广臣,王庆诚,等.不同底面坡度的循环水养殖池塘净化效能[J].上海海洋大学学报,2021,30(04):702-709.

[43] Zhang J, Jia G C, Wang M H, et al. Hydrodynamics of recirculating aquaculture tanks with different spatial utilization[J]. Aquacultural Engineering, 2022, 96.

[44] Lopez-Rebollar B M, Salinas-Tapia H, Garcia-Pulido D, et al. Performance study of annular settler with gratings in circular aquaculture tank using computational fluid dynamics[J]. Aquacultural Engineering, 2021, 92.

[45] Xiao R C, Wei Y G, An D, et al. A review on the research status and development trend of equipment in water treatment processes of recirculating aquaculture systems[J]. Reviews in Aquaculture, 2019, 11(3):863-895.

[46] Campbell M D, Hall S G. Hydrodynamic effects on oyster aquaculture systems: a review[J]. Reviews in Aquaculture, 2019, 11(3):896-906.

[47] Spiliotopoulou A, Rojas-tirado P, Chhetri R K, et al. Ozonation control and effects of ozone on water quality in recirculating aquaculture systems[J]. Water Research, 2018, 133: 289 - 298.

[48] Venegas P A, Narvaez A L, Arriagada A E, et al. Hydrodynamic effects of use of eductors (Jet-Mixing Eductor) for water inlet on circular tank fish culture[J]. Aquacultural Engineering, 2014, 59: 13 - 22.

[49] 于林平,薛博茹,任效忠,等.单进水管结构对单通道矩形圆角养殖池水动力特性的影响研究[J].大连海洋大学学报,2020,35(1):134 - 140.

[50] Zhang J, Zhang Z A, Che X, et al. Hydrodynamics of waste collection in a recirculating aquaculture tank with different numbers of inlet pipes [J]. Aquacultural Engineering, 2022, 96.

[51] 赵乐.管式射流驱动下的养殖池集污水动力学特性研究[D].舟山:浙江海洋大学,2017.

[52] 张学芬.进水方式对八边形养殖池自清洗能力的影响[D].舟山:浙江海洋大学,2021.

[53] 方帅.养殖源水静沉降特性及圆形池射流管布置方式优化研究[D].舟山:浙江海洋大学,2021.

[54] 薛博茹,李永锋,胡艺萱,等.基于CFD的进水管布设位置对沉降式固体颗粒排污影响的数值模拟[J].大连海洋大学学报,2021,36(4):620 - 628.

[55] 任效忠,薛博茹,姜恒志,等.双进水管系统对单通道矩形圆弧角养殖池水动力特性影响的数值研究[J].海洋环境科学,2021,40(1):50 - 56.

[56] Gorle J M R, Terjesen B F, Summerfelt S T. Hydrodynamics of octagonal culture tanks with Cornell-type dual-drain system[J]. Computers and Electronics in Agriculture, 2018, 151: 354 - 364.

[57] Gorle J M R, Terjesen B F, Summerfelt S T. Influence of inlet and outlet placement on the hydrodynamics of culture tanks for Atlantic salmon[J]. International Journal of Mechanical Sciences, 2020(188): 105944.

[58] 朱放,桂福坤,胡佳俊,等.进水管设置角度对圆形循环水养殖池自清洗能力的影响[J].水产学报,2024,48(3):174 - 183.

[59] 朱放,胡佳俊,孔剑桥,等.基于PIV技术的圆形循环水养殖池流场[J].农业工程学报,2021,37(23):296-300.

[60] Hu J J, Zhang H W, Wu L H, et al. Investigation of the inlet layout effect on the solid waste removal in an octagonal aquaculture tank[J]. Frontiers in Marine Science, 2022, 9.

[61] Oca J, Masalo I, Reig L. Comparative analysis of flow patterns in aquaculture rectangular tanks with different water inlet characteristics [J]. Aquacultural Engineering, 2004, 31(3-4): 221-236.

[62] Timmons M B, Ebeling J M, Wheaton F W, et al. Recirculating Aquaculture Systems[M]. New York: Northeastern Regional Aquaculture Center, Ithaca, 2002.

[63] Schrader K K, Davidson J W, Rimando A M, et al. Evaluation of ozonation on levels of the off-flavor compounds geosmin and 2-methylisoborneol in water and rainbow trout Oncorhynchus mykiss from recirculating aquaculture systems[J]. Aquacultural Engineering, 2010, 43(2): 46-50.

[64] Veerapen J P, Lowry B J, Couturier M F. Solids removal in recirculating aquaculture systems-Modelling and experiments[J]. Aquaculture Canada, 2002, 2003: 81-83.

[65] Davidson J, Summerfelt S. Solids flushing, mixing, and water velocity profiles within large (10 and 150 m^3) circular 'Cornell-type' dual-drain tanks[J]. Aquacultural Engineering, 2004, 32(1): 245-271.

[66] Masaló I, Oca J. Influence of fish swimming on the flow pattern of circular tanks[J]. Aquacultural Engineering, 2016, 74: 84-95.

[67] Gorle J M R, Terjesen B F, Summerfelt S T. Hydrodynamics of Atlantic salmon culture tank: Effect of inlet nozzle angle on the velocity field[J]. Computers and Electronics in Agriculture, 2019, 158: 79-91.

[68] Gorle J M R, Terjesen B F, Mota V C, et al. Water velocity in commercial RAS culture tanks for Atlantic salmon smolt production [J]. Aquacultural Engineering, 2018, 81: 89-100.

[69] Lunger A, Rasmussen M R, Laursen J, et al. Fish stocking density impacts tank hydrodynamics[J]. Aquaculture, 2006, 254(1/2/3/4): 370-375.

[70] Tang M F, Xu T J, Dong G H, et al. Numerical simulation of the effects of fish behavior on flow dynamics around net cage[J]. Applied Ocean Research, 2017, 64: 258-280.

[71] Xu M S, Long X P, Mou J G, et al. Impact of fish locomotion on the internal flow in a jet fish pump[J]. Ocean Engineering, 2019, 187: 106227.

[72] Plew D R, Klebert P, Rosten T W, et al. Changes to flow and turbulence caused by different concentrations of fish in a circular tank[J]. Journal of Hydraulic Research, 2015, 53(3): 364-383.

[73] 刘稳,诸葛亦斯,欧阳丽,等.水动力学条件对鱼类生长影响的试验研究[J].水科学进展,2009,20(6):812-817.

[74] Liu Yao, Liu Baoliang, Lei Jilin, et al. Numerical simulation of the hydrodynamics within octagonal tanks in recirculating aquaculture systems[J]. Chinese Journal of Oceanology and Limnology, 2017, 35(4): 912-920.

[75] Pumir A, Xu H, Bodenschatz E, et al. Single-particle motion and vortex stretching in three-dimensional turbulent flows[J]. Physical Review Letters, 2016, 116(12): 124502.

[76] Oca J, Masalo I. Flow pattern in aquaculture circular tanks: Influence of flow rate, water depth, and water inlet & outlet features[J]. Aquacultural Engineering, 2013, 52: 65-72.

[77] Chen X, Li Y, Niu X, et al. A general two-phase turbulent flow model applied to the study of sediment transport in open channels[J]. International Journal of Multiphase Flow, 2011, 37(9): 1099-1108.

[78] Liu W C, Xu B, Tan H X, et al. Investigating the conversion from nitrifying to denitrifying water-treatment efficiencies of the biofloc biofilter in a recirculating aquaculture system[J]. Aquaculture, 2022, 550.

[79] Rasmussen M R, Mclean E. Comparison of two different methods for evaluating the hydrodynamic performance of an industrial-scale fish-rearing unit[J]. Aquaculture, 2004, 242(1-4): 397-416.

[80] 史明明,阮赟杰,刘晃,等.基于CFD的循环生物絮团系统养殖池固相分布均匀性评价[J].农业工程学报,2017,33(2): 252-258.

[81] Zhu S M, Shi M M, Ruan Y J, et al. Applications of computational fluid dynamics to modeling hydrodynamics in tilapia rearing tanks of Recirculating Biofloc Technology system[J]. Aquacultural Engineering, 2016, 74: 120-130.

[82] Klebert P, Volent Z, Rosten T. Measurement and simulation of the three-dimensional flow pattern and particle removal efficiencies in a large floating closed sea cage with multiple inlets and drains[J]. Aquacultural Engineering, 2018, 80: 11-21.

[83] 薛博茹,于林平,张倩,等.进径比对矩形圆弧角养殖池水动力特性影响[J].水产学报,2021,45(3): 444-452.

[84] Terjesen B F, Summerfelt S T, Nerland S, et al. Design, dimensioning, and performance of a research facility for studies on the requirements of fish in RAS environments[J]. Aquacultural Engineering, 2013, 54: 49-63.

[85] 李华,田道贺,刘青松,等.间歇式双循环工厂化养殖系统构建及其养殖效果[J].农业工程学报,2020,36(13): 299-305.

[86] 陈诚,蔡守允.悬移质运动中水沙两相流的流场测量技术研究综述[J].水利水电科技进展,2011,31(6): 80-84.

[87] 吴嘉.流速测量方法综述及仪器的最新进展[J].计测技术,2005,25(6): 1-4.

[88] 白若男.基于PIV技术的U型弯道水流试验研究[D].北京:清华大学,2019.

[89] 严松,吴浩,孙大鹏,等.声学多普勒流速仪在水槽流速测量中的应用[J].实验室研究与探索,2017,36(5): 9-13.

[90] 刘兵,崔骊水,李小亭,等.粒子图像测速技术测量精度影响因素分析[J].计量学报,2021,42(3): 346-351.

[91] 陈根华,詹斌,王海龙,等.粒子图像测速发展综述[J].南昌工程学院学报,2019,38(3):90-96.

[92] 张亚磊,张法星,张敬威,等.基于ADV的推流式曝气池流场特性研究[J].四川大学学报(工程科学版),2014,46(2):29-35.

[93] Sterczynska M, Stachnik M, Poreda A, et al. The improvement of flow conditions in a whirlpool with a modified bottom: an experimental study based on particle image velocimetry (PIV)[J]. Journal of Food Engineering, 2021, 289: 110164.

[94] Quaresma A L, Ferreira R M L, Pinheiro A N. Comparative analysis of particle image velocimetry and acoustic Doppler velocimetry in relation to a pool-type fishway flow[J]. Journal of Hydraulic Research, 2017, 55(4): 582-591.

[95] 张慧,吴常文,江丹丹,等.基于图像处理技术的养殖池集污特性研究[J].海洋与湖沼,2016,47(2):374-379.

[96] 胡坤婷,马海峰,等.ANSYS CFD 入门指南——计算流体力学基础及应用[M].北京:机械工业出版社,2020:4-5.

[97] 朱炯威.养殖水池水流运动特性研究[D].大连:大连理工大学,2020.

[98] Shallouf M, Ahmed W H, Abdou S. Numerical Analysis of Fluid Flow in Aquaculture Systems[C]. Ottawa: Proceedings of the 6th International Conference of Fluid Flow, Heat and Mass Transfer (FFHMT'19), 2019.

[99] 李琛,马玉山,高强,等.基于 Realizable $k-\varepsilon$ 模型的控制阀流场特性研究[J].宁夏大学学报(自然科学版),2014,35(4):328-331.

[100] 史明明.循环式生物絮团系统内部多相流的CFD模拟与优化[D].杭州:浙江大学,2018.

[101] 闫文标.基于FLUENT三种多相流模型的选择及应用说明[J].云南化工,2020,27(4):43-44.

[102] 冯磊,姚青云.基于VOF模型的泵站压力管道气液两相流数值模拟[J].中国农村水利水电,2012(12):124-126.

[103] 耿泽伟.高强化活塞内冷油腔振荡冷却效果研究[D].石家庄:河北科技大学,2018.

[104] Wen H L，Yu C H，Tony W H. Sheu. On the development of LS-assisted VOF method for incompressible interfacial flows[J]. Journal of Computational Physics，2020，406.

[105] Meier H F，Mori M. Gas-solid flow in cyclones：The Eulerian Eulerian approach[J]. Computers and Chemical Engineering，1998，22.

[106] 陈鑫.VOF 和 Mixture 多相流模型在空泡流模拟中的应用[J].水动力学研究与进展,2019：341－346.

[107] 伏雨,龙云,龙新平.基于不同多相流模型的气浮接触区流动的模拟研究[C]//第三十届全国水动力学研讨会暨第十五届全国水动力学学术会议论文集(上册).2019：341－346.

[108] 余康,陈永灿,林俊强,等.鱼卵漂流的欧拉-拉格朗日模型与产卵量估算[J].水力发电学报,2019,38(6)：56－68.

[109] 唐家鹏.ANSYS FLUETN 16.0 超级学习手册[M].北京：人民邮电出版社,2016：37－57.

[110] 江帆,黄鹏.Fluent 高级应用与实例分析[M].北京：清华大学出版社，2008：11－15.

[111] 胡坤,胡婷婷,马海峰,等.ANSYS CFD 入门指南——计算流体力学基础及应用[M].北京：机械工业出版社,2020：4－5.

[112] 约翰·D. 安德森.计算流体力学基础及其应用[M].北京：机械工业出版社,2007.

[113] 谢艳芳.多相流混合模型应用于低含沙水流的数值模拟研究[D].西安：西安理工大学,2005.

[114] 韦晓蓉.多级轴流压气机数值模拟研究及实验验证[D].南京：南京航空航天大学,2019.

[115] 冯立伟.对流占优扩散方程的几种差分解法比较[J].电脑知识与技术，2015,11(20)：155－157,215.

[116] 陶文铨.计算传热学的近代发展[M].北京：科学出版社,2001.

[117] Gorle J M R，Chatellier L，Pons F. et al. Flow and performance analysis of H-Darrieus hydroturbine in a confined flow：a computational and experimental study[J]. Journal of Fluids and Structures，2016，66：382－402.

[118] Losordo T M, Westers H. Aquaculture water systems: engineering design and management[J]. Aquacultural Engineering, 1994, 43: 9-60.

[119] 史明明,孙先鹏,朱松明,等.基于PIV的循环式生物絮团系统涡旋分离器内流场研究[J].农业机械学报,2019,50(1):299-306.

[120] Ebeling J M, Timmons M B, Joiner J A, et al. Mixed-cell raceway: engineering design criteria, construction, and hydraulic characterization[J]. North American Journal of Aquaculture, 2005, 67(3): 193-201.

[121] Gorle J M R, Terjesen B F, Holan A B, et al. Qualifying the design of a floating closed-containment fish farm using computational fluid dynamics[J]. Biosystems Engineering, 2018, 175: 63-81.

[122] Nordin N, Seri S M, Taib I, et al. Secondary flow vortices and flow separation of 2-D turning diffuser via particle image velocimetry[J]. Iop Conference, 2017, 226: 012149.

[123] Dauda A B, Ajadi A, Tola-Fabunmi A S, et al. Waste production in aquaculture: Sources, components and management in different culture systems[J]. Aquaculture and Fisheries, 2019, 4(3): 81-88.

[124] Castro V, Grisdale-Helland B, Helland S J, et al. Aerobic training stimulates growth and promotes disease resistance in Atlantic salmon (Salmo salar)[J]. Comparative Biochemistry and Physiology Part A: Molecular & Integrative Physiology, 2011, 160(2): 278-290.

[125] 张俊,车轩,贾广臣,等.人工坝体对长江上游鱼类栖息地流域水动力学特性的影响[J].农业工程学报,2021,37(5):140-146.